Jennifer Day-Betschelt

Mathematik im Alltag 7./8. Klasse

Kopiervorlagen für die Sekundarstufe I

PERSEN

Die Autorin

Jennifer Day-Betschelt ist Lehrerin für Mathematik und Physik an einer Gesamtschule.

Abbildungsnachweis

Seite 9: Der Louvre mit der Glaspyramide im Mittelpunkt, 2010 © Benh LIEU SONG – Eigenes Werk, CC BY-SA 3.0, https://commons.wikimedia.org/w/index.php?curid=10213567
Coverabbildung: Reiseplanung © Kittiphan – stock.adobe.com

Gedruckt auf umweltbewusst gefertigtem, chlorfrei gebleichtem und alterungsbeständigem Papier.

1. Auflage 2019

Illustrationen: Satzpunkt Ursula Ewert GmbH, Bayreuth
Satz: Satzpunkt Ursula Ewert GmbH, Bayreuth

ISBN: 978-3-403-20258-5

www.persen.de

Inhaltsverzeichnis

Inhaltsverzeichnis

Themen Klasse 8

Vorwort

Viele Schüler sind der Meinung, dass sie den Stoff, den sie in Mathematik lernen, nie gebrauchen werden. Das schlägt sich sicherlich auf die Motivation in diesem Fach nieder. Mathematik ist ein Bestandteil in vielen Bereichen unseres täglichen und zukünftigen Lebens. Das muss den Schülern aufgezeigt werden und daher muss die Alltagswelt der Jugendlichen in den Unterricht integriert werden.

„Warum lernen wir gerade diesen Inhalt bzw. wofür können wir ihn gebrauchen?" Dies ist eine Frage, die uns als Schüler und als Lehrer sehr oft begegnet ist. Die Schüler wollen wissen, warum sie Mathematik lernen bzw. wo die realen Anwendungsgebiete aus ihrem Umfeld liegen. Dieser Gesichtspunkt war der wesentliche Beweggrund zur Konzeption des vorliegenden Arbeitsheftes. Mathematik sollte aus der Sicht der Heranwachsenden nicht immer nur sich selbst genügen, sondern sollte vielfältige Querverbindungen zu anderen Fachbereichen entwickeln und authentische Aufgaben für spätere Berufsfelder eröffnen. Es werden Aufgaben dargestellt, die alle mit der gegenwärtigen und zukünftigen Umwelt der Schüler zu tun haben. Es sollen mathematische Inhalte als praktisches Handlungswissen, das andere Fächer mit erschließt und begreifbar macht, deutlich werden. Die Mathematik soll als ein hilfreiches Werkzeug zur Bewerkstelligung von Lebenssituationen erfasst werden. Dabei können die Arbeitsblätter vor allem innerhalb der jeweiligen fachmathematischen Thematik oder in Vertretungsstunden oder in fächerübergreifenden Sequenzen mit anderen Fächern eingesetzt werden.

Wichtiges Anliegen der vorliegenden Veröffentlichung ist es, den Schülern zu zeigen, dass mathematisches Wissen notwendig ist, um den Alltag zu bewältigen. Das Buch „Mathematik im Alltag – 7./8. Klasse" bietet daher genau solche Aufgaben, die den Alltag der Schüler und die mathematischen Inhalte der Klassen 7 und 8 verbinden. Es umfasst verschiedene Themenbereiche aus der gegenwärtigen und zukünftigen Alltagswelt der Schüler wie z. B. Glücksspiele, Klassenparty, Renovierung, Dauerkarte im Stadion, Einschaltquoten, Energiesparlampen, Wahlen, Urlaub mit dem Wohnmobil, Autofinanzierung, Rund um die Börse, Kapitalanlagen etc. Die Aufgaben beinhalten zudem verschiedene Kompetenzbereiche der „Bildungsstandards Mathematik".
Beim Lösen der Alltagsprobleme müssen die Schüler reale Situationen in mathematische Inhalte übersetzen und geeignete Mittel zur Lösung finden. Auf diese Weise trainieren die Schüler ihre Kompetenzen in den Bereichen „Modellieren" und „Problemlösen".

Mathematik – das bedeutet für viele Menschen etwas eher Abstraktes, Unbewegliches, fast Unnatürliches. Mathematik und Alltag – ein eher unvereinbarer, quasi „unnatürlicher" Gegensatz. Sie und Ihre Schüler sind eingeladen, sich auf die Entdeckungsreise in unserer Umwelt zu begeben. Mathematik kommt vor – immer wieder, und immer wieder auch an unerwarteter Stelle. Viel Spaß bei der Entdeckungsreise!

1.1 Dachgeschoss

Aufgabe 1: Das Dachgeschoss soll mit Ausnahme der Treppe komplett mit hochwertigem Parkett ausgelegt werden.

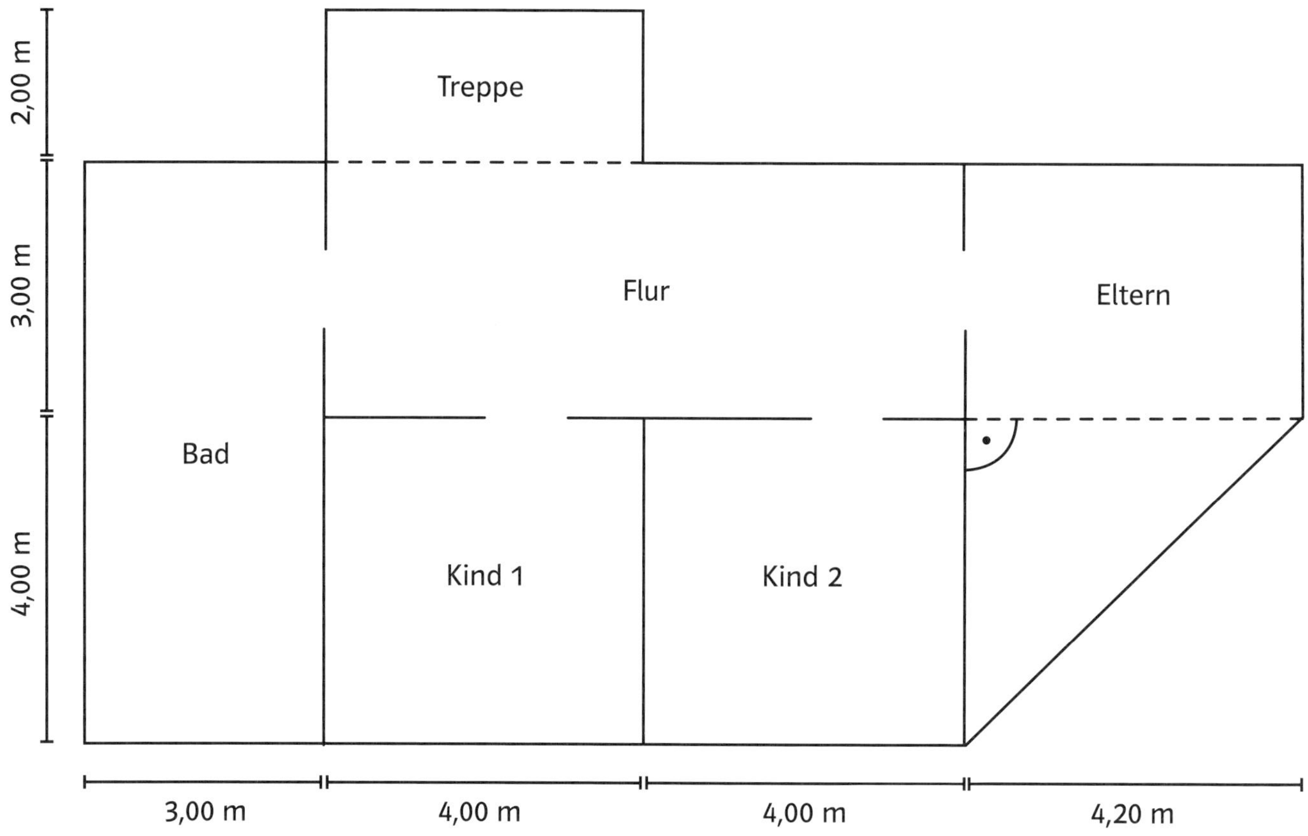

a) Berechne, wie viel Quadratmeter Parkett benötigt werden, wenn bei der Bestellmenge des Parketts 9 % Verschnitt berücksichtigt werden müssen.

b) Bestimme die Kosten für das Parkett, wenn 1 m^2 150 € kostet.

c) Gib an, wie viel gespart werden würde, wenn das Standardparkett (79,90 €/m^2) verlegt wird.

d) Ermittle die Ersparnis in Prozent.

Aufgabe 2: Die Kinderzimmer und der Flur sollen mit Fußleisten verkleidet werden. Bestimme die benötigte Menge rechnerisch (Türbreite 1 m).

Aufgabe 3: Das Bad soll nun doch mit Fliesen ausgelegt werden.

a) Berechne die Materialkosten, wenn 1 m^2 12,70 € kostet und mit einem Verschnitt von 7 % gerechnet werden muss.

b) Ermittle, wie viel Quadratmeter Standardparkett bestellt werden müssen, wenn das Bad gefliest wird und berechne die Kosten.

c) Berechne die Gesamtkosten für die Bodenbeläge im Dachgeschoss.

1.2 Baugebiet (1)

Aufgabe 1: Berechne die einzelnen Bauplatzgrößen.

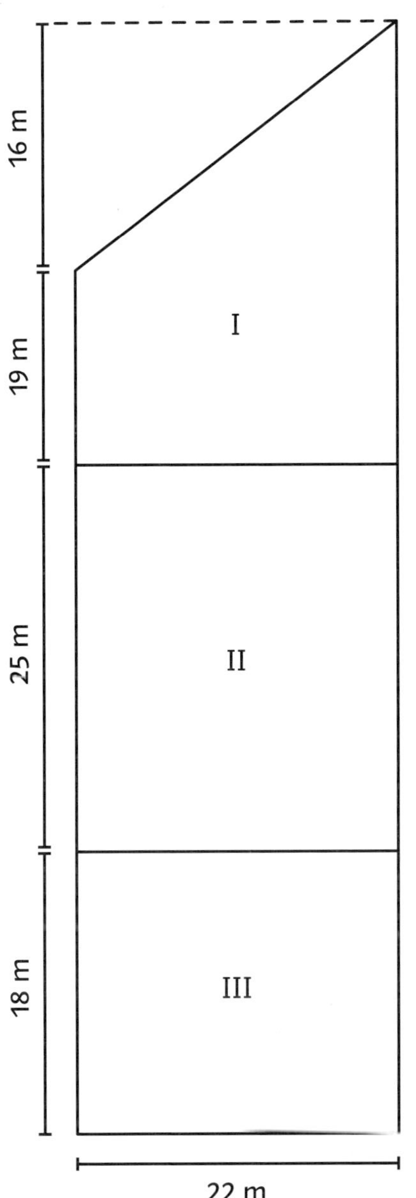

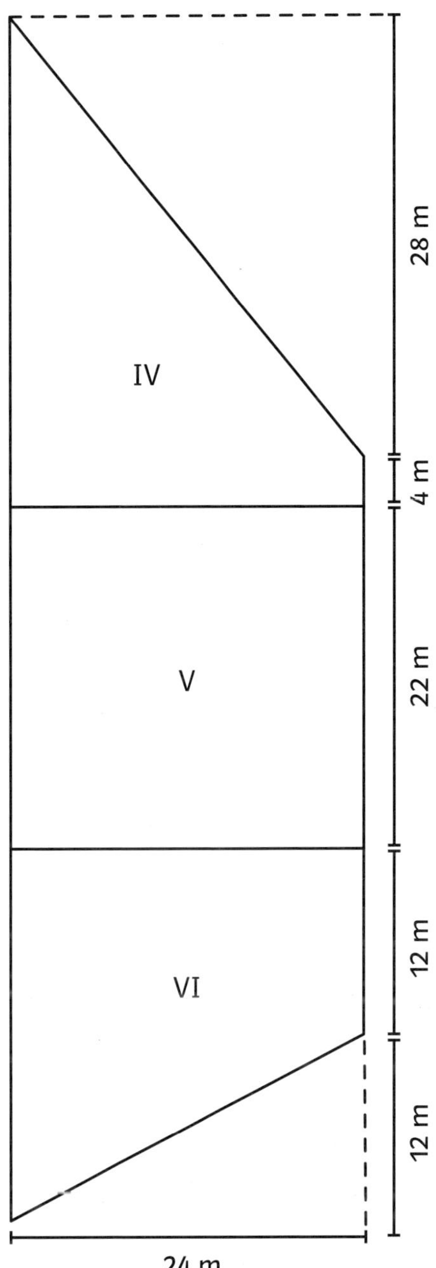

Aufgabe 2: Die Erschließungskosten (Straße, Kanal ...) von 850 000 € werden prozentual nach dem Anteil des eigenen Bauplatzes an der Gesamtfläche verteilt. Berechne die Erschließungskosten für jeden einzelnen Bauplatz.

Aufgabe 3:

a) Erkläre, was unter dem Begriff Erschließungskosten verstanden wird.

b) Erläutere, warum die Höhe der Erschließungskosten von der Größe des Bauplatzes abhängen.

1.3 Baugebiet (2)

Aufgabe 1: Berechne die Größen der einzelnen Bauplätze.

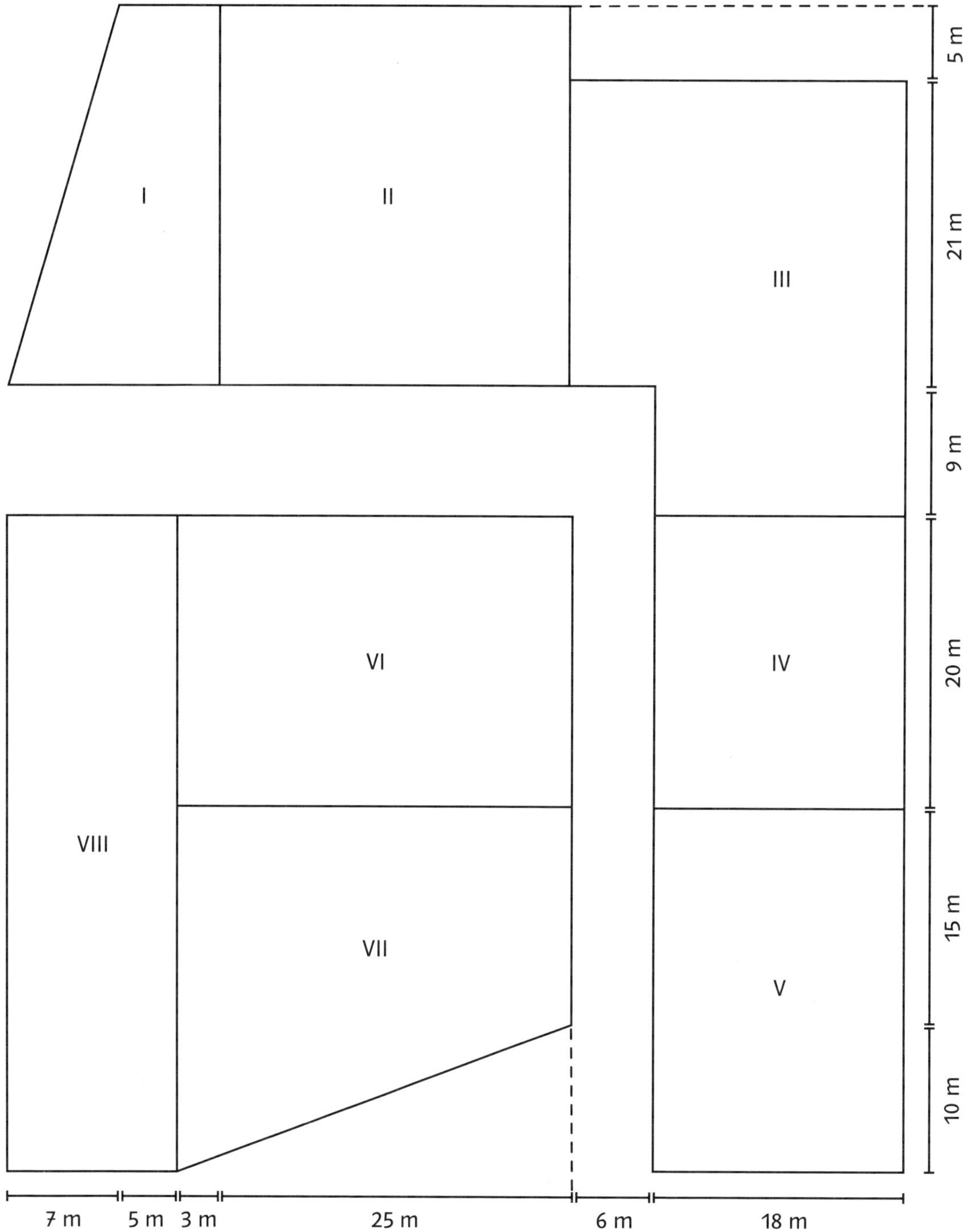

Aufgabe 2: Die Erschließungskosten (Straße, Kanal ...) von 1256000 € werden prozentual nach dem Anteil des eigenen Bauplatzes an der Gesamtfläche verteilt. Berechne die Erschließungskosten für jeden einzelnen Bauplatz.

1.4 Pariser Louvre

Aufgabe 1: Zum Pariser Kunstmuseum Louvre gelangt man über die berühmte Glaspyramide. Sie besteht aus vier gleichschenkligen, kongruenten Dreiecken. Die Grundseite der Pyramide beträgt 35 m, die Höhe der Seitenfläche 27,8 m.
Berechne die gesamte Glasfläche.

Aufgabe 2: Die Glasfläche besteht aus ca. 600 einzelnen Rauten. Wie groß ist eine Raute?

Aufgabe 3: Die Glasfläche besteht aus Sicherheitsglas, das pro Quadratmeter ungefähr 92 kg wiegt.

a) Gib an, wie schwer eine Glasraute ist.

b) Bestimme das Gewicht der gesamten Glaspyramide.

Aufgabe 4: ESG (Einscheiben-Sicherheitsglas) mit einer Dicke von 6 mm kostet 110 Euro pro Quadratmeter. Berechne die Kosten für die Verglasung der Pyramide in dieser Stärke.

Aufgabe 5: Im Hof des Louvre sind neben der großen Glaspyramide des Haupteingangs weitere drei kleine Glaspyramiden aufgebaut worden. Die Seitenflächen dieser Pyramiden sind 4,93 m hoch. Ihre quadratischen Grundflächen haben jeweils eine Seitenlänge von 9,02 m.

a) Berechne die Oberfläche der Glashülle einer Pyramide.

b) Die kleinen Pyramiden bestehen aus dem gleichen Glas wie die große Pyramide.
Gib an, wie schwer die Glashülle einer kleinen Pyramide ist.

c) Berechne die Kosten für die Verglasung der kleinen Pyramiden mithilfe der Angaben aus Aufgabe 4.

1.5 Dachgiebel

Aufgabe 1: Eine Dachgiebelscheibe muss ersetzt werden.

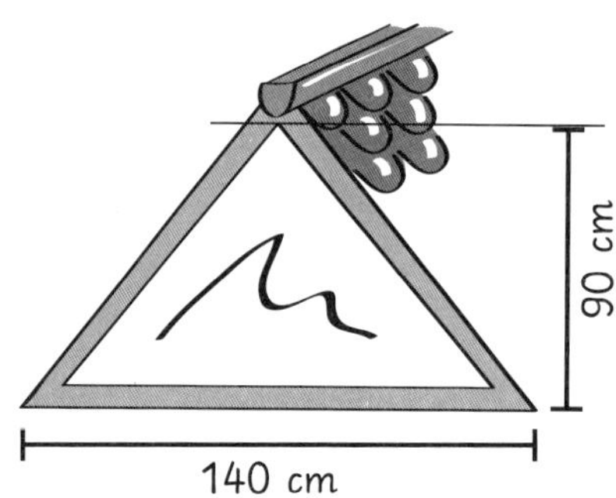

a) Berechne die Fläche der Glasscheibe.

b) Es soll Isolierglas eingebaut werden. 1 m² kostet 80 € zuzüglich 19 % MwSt. Berechne die Kosten für die Scheibe, wenn noch 60 € (inkl. MwSt.) für den Einbau anfallen.

Aufgabe 2: In die Giebelwand wurden zwei dreieckige und zwei rechteckige Fenster eingebaut. Berechne die Kosten für die Verglasung, wenn 1 m² des Fensterglases 65 € kostet.

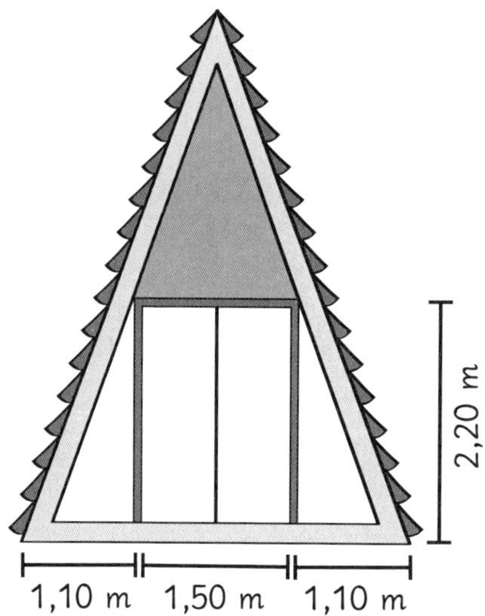

Aufgabe 3: Der obere Teil der Giebelwand (Abb. Aufgabe 2) soll mit Holz verkleidet werden. Die Giebelwand ist insgesamt 3,70 m hoch.

a) Ermittle die Kosten für die Holzverkleidung rechnerisch, wenn 1 m² der Holzverkleidung 10,20 € kostet.

b) Berechne die Gesamtkosten für die Giebelwand.

c) Bestimme die Kosten für eine Vollverglasung der Giebelwand und gib an, wie viel zusätzlich gezahlt werden müsste.

d) Berechne die zusätzlichen Kosten in Prozent.

1.6 Finnhütten

Aufgabe 1: Finnhütten, die wie große Zelte aussehen, sind Holzhäuser mit einem Satteldach, das bis zum Boden reicht und damit zwei Wände erspart. Auf der Abbildung siehst du die Finnhütte, die gebaut werden soll.

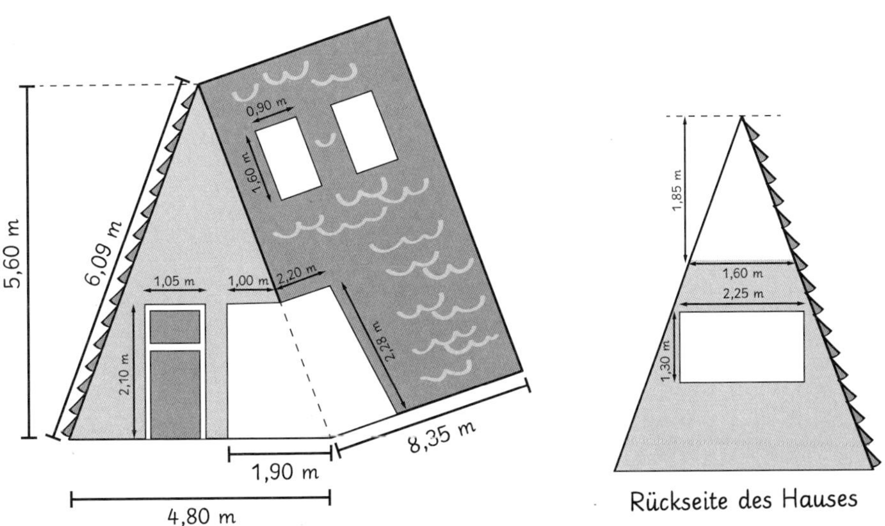

Rückseite des Hauses

Kosten	
Holzverkleidung	8,70 €/m²
Dachziegel	21,90 €/m²
Betonfundament	150,00 €/m³
Fensterglas	85,00 €/m²
Farbe (2,5-l-Eimer ausreichend für 15 m² bei zweimaligem Anstrich)	38,50 €/Eimer

Berechne zunächst die Kosten für das Betonfundament, wenn es eine Höhe von 80 cm hat.

Aufgabe 2: Giebelseiten

a) Berechne die benötigte Holzmenge für die Vorder- und Rückseite des Hauses und ermittle die Gesamtkosten für die benötigte Holzverkleidung.

b) Bestimme die benötigte Menge an Fensterglas und gib an, wie viel für das Fensterglas gezahlt werden muss.

c) Die Tür soll Grün gestrichen werden. Berechne die benötigte Farbmenge und ermittle die Kosten.

Aufgabe 3: Das Dach soll mit Dachziegeln verkleidet und auf einer Seite mit drei Fenstern ausgestattet werden. Die zweite Dachseite bekommt keine Fenster. Bestimme zunächst die Gesamtfläche des Dachs und bestimme anschließend die Kosten für die benötigten Dachziegel und das Fensterglas.

Aufgabe 4: Ermittle rechnerisch die Gesamtkosten für den Bau der Finnhütte.

Aufgabe 5: Durch sofortiges Zahlen aller benötigten Materialien wurden 2 % Skonto gewährt. Gib an, wie viel dadurch beim Bau der Finnhütte gespart werden konnte.

2.1 Klassenparty

Aufgabe 1: Die Klasse 8b (28 Schüler) veranstaltet eine Klassenparty. Im letzten Jahr (24 Schüler) wurden 48 Flaschen Cola, 30 Flaschen Limonade und 42 Würstchen verzehrt.
Berechne, wie viel Flaschen Cola und Limonade und wie viele Würstchen dieses Jahr mindestens gekauft werden sollten.

Anzahl Schüler	Anzahl Colaflaschen
24	
4	
28	

Anzahl Schüler	Anzahl Limonadenflaschen
24	
4	
28	

Anzahl Schüler	Anzahl Würstchen

Aufgabe 2: Begründe, warum die oben berechneten Zahlen nur Richtwerte darstellen bzw. warum die Zuordnungen genau genommen nicht proportional sind.

Aufgabe 3: Die Gesamtschule in Lich veranstaltet ein Schulfest mit ca. 700 Personen. Vor zwei Jahren waren 550 Besucher anwesend. Damals wurden 20 Kisten Wasser, 30 Kisten Limonade und 550 Würstchen verzehrt. Berechne, wie viele Kisten Wasser und Limonade und wie viele Würstchen in diesem Jahr mindestens gekauft werden sollten.
Lege eine Tabelle an und berechne.

2.2 Pegelstände

Aufgabe 1: Oft werden Informationen, z. B. zu Pegelständen, in Zeitungen, im TV oder im Internet grafisch dargestellt.

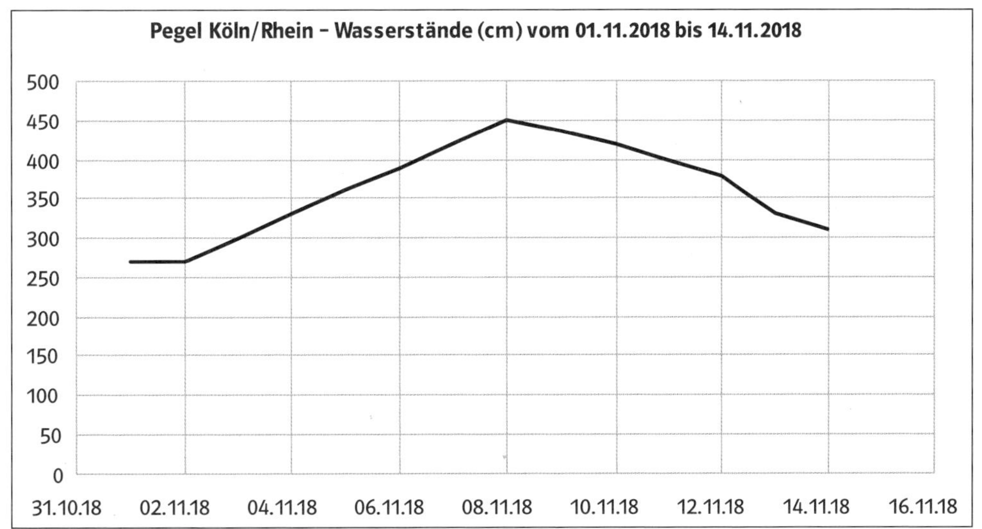

a) Gib an, welche Informationen du aus der grafischen Darstellung entnehmen kannst.

b) Entnimm der Darstellung, wann es den niedrigsten Wasserstand in Köln gab.

c) Erläutere anhand des Graphen, in welchen Zeiträumen der Wasserstand fiel.

d) Gib an, wie hoch der Wasserstand am 10. November war.

Aufgabe 2: Am Rhein wird an verschiedenen Stellen regelmäßig der Wasserstand, der sogenannte Pegel, gemessen. In der nachfolgenden Tabelle sind die Wasserstände am Rhein in Köln dargestellt.

Datum **Uhrzeit**	***14.02.*** 0:00	 6:00	 12:00	 18:00	***15.02.*** 0:00	 6:00	 12:00	 18:00	***16.02.*** 0:00
Pegelstand in cm	106	112	121	133	164	178	290	318	439
Datum **Uhrzeit**	 6:00	 12:00	 18:00	***17.02.*** 0:00	 6:00	 12:00	 18:00	***18.02.*** 0:00	 6:00
Pegelstand in cm	514	578	634	674	685	672	660	648	638

a) Erkläre, warum die Pegelstände für die Schifffahrt, aber auch für die Anwohner, wichtig sind.

b) Besonders gut kann man den Verlauf des Hochwassers an einem Graphen erkennen. Erstelle einen geeigneten Graphen.

c) Der Radiosender *Köln am Rhein* meldet am 16.02. um 17 Uhr: „Das Schlimmste ist überstanden". Nimm Stellung zu dieser Aussage.

d) Schreibe eine Reportage über den Verlauf des Hochwassers in Köln.

Aufgabe 3: Recherchiere im Internet oder in Zeitungen und gib an, in welchem Zusammenhang Graphen zur Darstellung von Informationen verwendet werden.

2.4 Preise vergleichen

Aufgabe 1:

Gib an, für welches Produkt du dich entscheiden würdest und begründe deine Entscheidung rechnerisch.

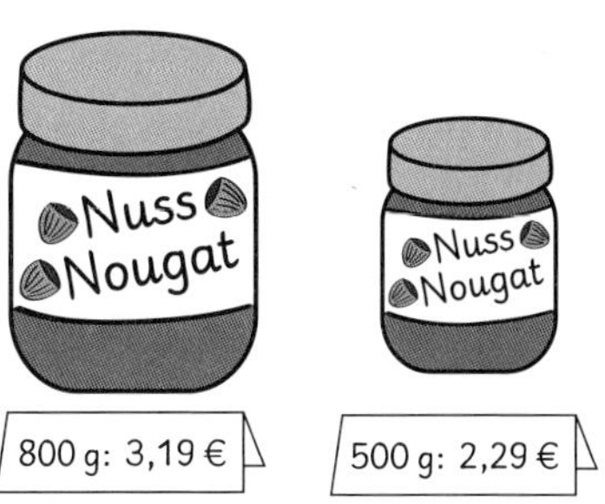

Aufgabe 2: Im Supermarkt steht Frau Meier vor dem Müsliregal.

a) Betrachte die nebenstehende Abbildung. Im Supermarkt kannst du häufig solche Preisgestaltungen beobachten. Gib an, was dir auffällt.

b) Nenne Gründe, warum Preis und Größe der Müslipackungen entsprechend festgelegt wurden.

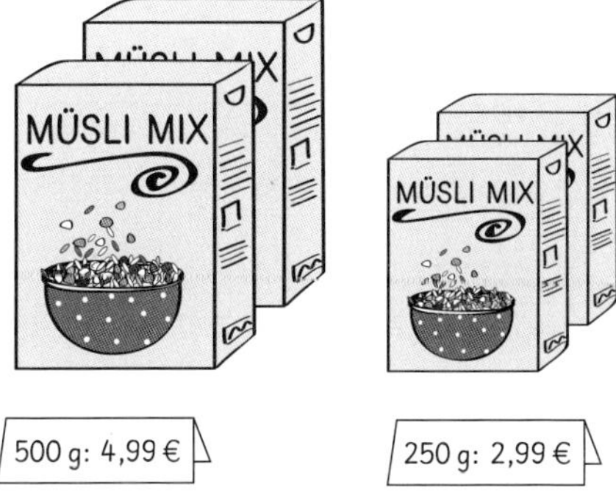

Aufgabe 3: Folgende Preisschilder sind im Werbeprospekt eines Supermarktes zu finden.

a) Welches Angebot ist günstiger?

b) Erkläre, anhand der Abbildung, was du vergleichen musst, um **ohne Rechnung** herauszufinden, ob das Angebot oder der reguläre Preis günstiger ist.

c) Gib an, wie teuer die Nussmischung für 500 g sein müsste, damit es sich um ein wirkliches Angebot handelt.

2.5 Obst- und Gemüsetheke

Aufgabe 1: In vielen Lebensmittelgeschäften musst du dein Obst und Gemüse selbst abwiegen. Dabei erhältst du anschließend einen Aufkleber, der wie der abgebildete aussieht.

BANANEN

verpackt am:	Nettogewicht:
05.01.2019	1,236 kg
Preis/kg:	Betrag:
1,59 €	**1,97 €**

a) Gib an, welche Informationen du dem Aufkleber entnehmen kannst.

b) Erkläre den Begriff „Nettogewicht".

c) Erläutere, wie du mithilfe eines solchen Aufklebers ermitteln kannst, wie teuer 1,5 kg Bananen sind.

Aufgabe 2: Ermittle rechnerisch, welcher Preis auf einem Aufkleber für Bananen ausgewiesen sein müsste, wenn dir die Waage ein Nettogewicht von 3,250 kg anzeigt.

Aufgabe 3: Bestimmt hast du bereits gesehen, wie deine Eltern im Supermarkt Obst und Gemüse abwiegen, um den Gesamtpreis zu bestimmen. Aber runden die Waagen auf oder ab, wenn sie die Preise berechnen? Untersuche anhand der abgebildeten Aufkleber, wie die Waage bei der Preisberechnung rundet.

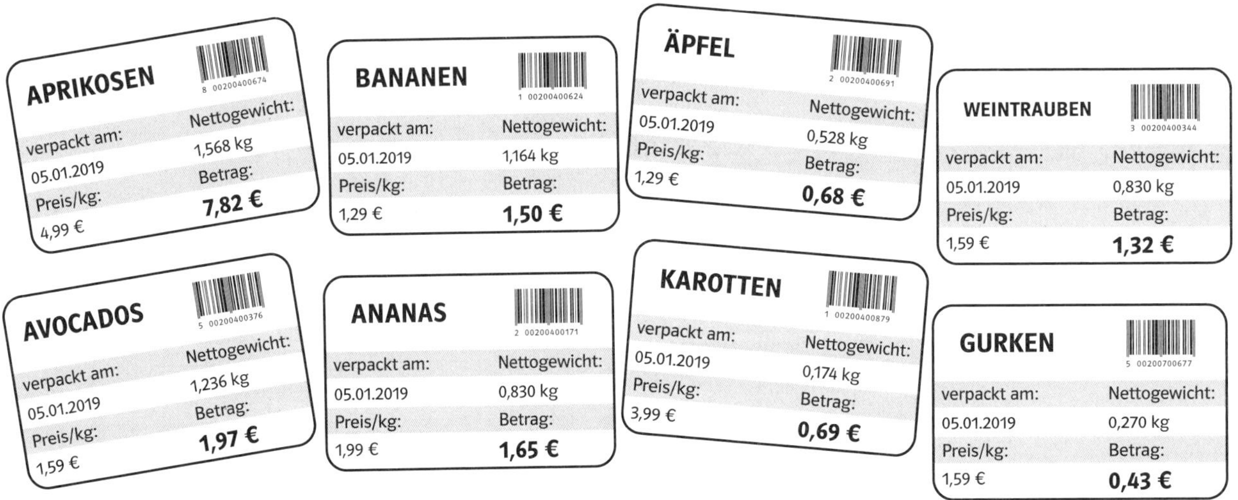

Aufgabe 4: Sarah hat Obst und Gemüse eingekauft. Beim Wiegen der Lebensmittel stellt sie fest, dass der Drucker der Waage einen unvollständig beschrifteten Aufkleber ausdruckt. Hilf Sarah dabei, die Preise für ihr Obst und Gemüse zu bestimmen. Nutze bei der Berechnung die lesbaren Angaben auf dem Aufkleber.

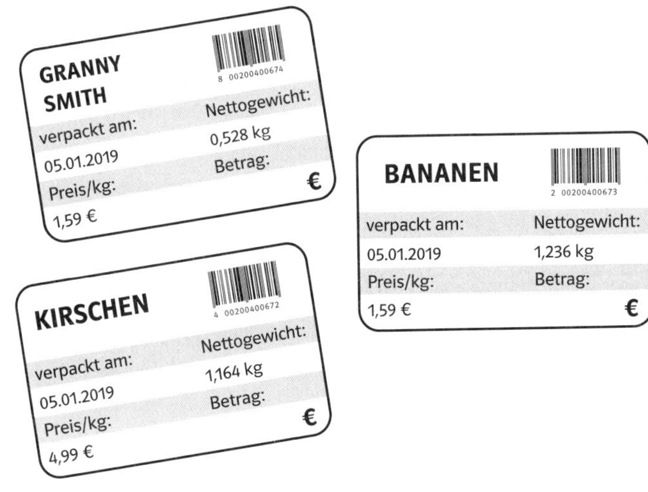

3.1 Haushaltskalender

Aufgabe 1: Berechne die Ergebnisse der grau unterlegten Felder.

Einnahmen		Ausgaben	
Name	**Betrag**	**Name**	**Betrag**
Nettogehalt Ehemann	1950,00 €	Miete	650,00 €
Gehalt Ehefrau	580,00 €	Heizkosten	85,00 €
Kindergeld	194,00 €	Strom	80,00 €
		Telefon + Internet	40,00 €
		Nahrungsmittel und Hygieneartikel	400,00 €
		Auto	250,00 €
		KFZ-Versicherung	70,00 €
		GEZ	55,00 €
		Kleidung	200,00 €
		Haustier	100,00 €
		Sonstiges	200,00 €
Summe Einnahmen:		Summe Ausgaben:	

Einnahmen	
– Ausgaben	

Aufgabe 2:

a) Berechne, wie viel Prozent der Ausgaben die Miete ausmacht.

b) Gib an, um wie viel Prozent sich die Einnahmen verringern, wenn die Ehefrau ihren Job verliert.

c) Berechne, wie viel Geld der Familie ohne den Job der Ehefrau nach allen Ausgaben zur Verfügung steht.

d) Erkläre, warum es nicht sinnvoll ist, wenn die Einnahmen und Ausgaben nahezu gleich sind.

3.2 Urlaubsplanung

Aufgabe 1: Herr und Frau Bauer wollen ihren nächsten Urlaub vom 24.7 bis 31.07. auf Lanzarote im Hotel Club Cala Pada verbringen. Sie planen einen Urlaub mit Halbpension. Ermittle die Kosten für den Urlaub rechnerisch.

Cub Cala Pada ★★★

Reisetermine von / bis	01.05. 13.05.	14.05. 10.06.	11.06. 28.06.	29.06. 23.08.	24.08. 03.09.	04.09. 20.09.	21.09. 27.09.	28.09. 04.10.	05.10. 11.10.	12.10. 26.10
Reisedauer 7 Nächte	A	B	C	D	C	B	B	B	A	A
Reisedauer 8 bis 14 Nächte	A	A	C	D	C	B	B	A	A	A
Reisedauer ab 15 Nächte	A	A	C	D	C	B	A	A	A	A

		Belegung	A		B		C		D	
			1 Wo.	2 Wo.	1 Wo.	2 Wo.	1 Wo.	2 Wo.	1 Wo.	2 Wo.
Appartement (Preis pro Person)	HP	3	659	989	704	1079	734	1139	759	1189
	HP	2	714	1099	774	1219	804	1279	834	1339
	HP	1	849	1369	939	1549	969	1609	1024	1719
	VP	3	764	1199	809	1289	839	1349	864	1399
	VP	2	819	1309	879	1429	909	1489	939	1549
	VP	1	954	1579	1044	1759	1074	1819	1129	1929

Aufgabe 2: Bearbeite die nachfolgenden Aufgaben.

a) Gib an, wie teuer der Urlaub für Familie Bauer werden würde, wenn sie Vollpension buchen.

b) Berechne, um wie viel Prozent die Urlaubkosten bei der Umstellung von Halbpension auf Vollpension steigen.

c) Entnimm der Tabelle, wie teuer der Urlaub für Familie Bauer wird, wenn sie im Zeitraum vom 04.09 bis 18.09. mit Halbpension buchen.

d) Ermittle rechnerisch, um wie viel Prozent die Reisekosten gegenüber der ursprünglich geplanten Woche im Juli fallen.

e) Erkläre, warum sich die Urlaubskosten nicht verdoppeln, wenn man die Preise für eine Woche mit den Preisen für zwei Wochen vergleicht.

3.3 Ernährung

Aufgabe 1: Softgetränke

a) Schätze zunächst wie hoch der Zuckeranteil in einem Glas (250 ml) Cola, Orangenlimonade, Zitronenlimonade und Apfelsaft ist.

b) Berechne anhand der unten angeführten Tabelle, wie viel Gramm Zucker jeweils in einem Glas Cola, Orangenlimonade, Zitronenlimonade und Apfelsaft sind. Angaben pro 100 ml.

Getränke	Kalorien (Kilokalorien)	Eiweiß (in Gramm)	Zucker (in Gramm)	Fett (in Gramm)
Cola	42 kcal	0 g	10,6 g	0 g
Orangenlimonade	45 kcal	0 g	11 g	0 g
Zitronenlimonade	37 kcal	0 g	9,1 g	0 g
Wasser	0 kcal	0 g	0 g	0 g
Apfelsaft	46 kcal	0,1 g	11,3 g	0,1 g

c) Berechne, wie viel Gramm Zucker in einer Flasche (1 l) ist und gib den Zuckergehalt in Zuckerwürfeln an.

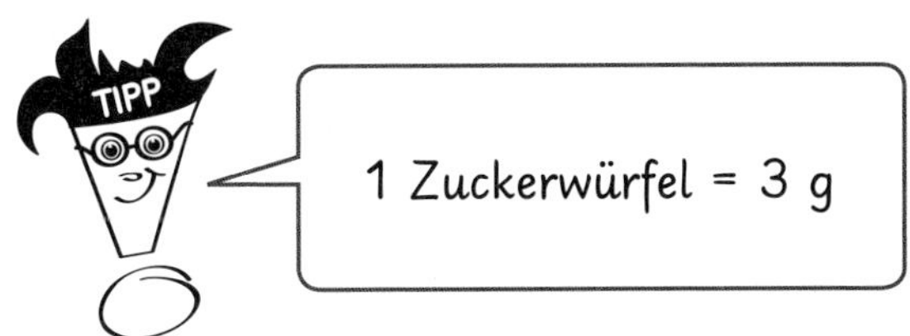

Aufgabe 2: Die Nährwertangaben der Süßigkeiten sind in einem Kreisdiagramm veranschaulicht worden. Bestimme die Menge an Zucker, die in 100 g des jeweiligen Lebensmittels enthalten sind.

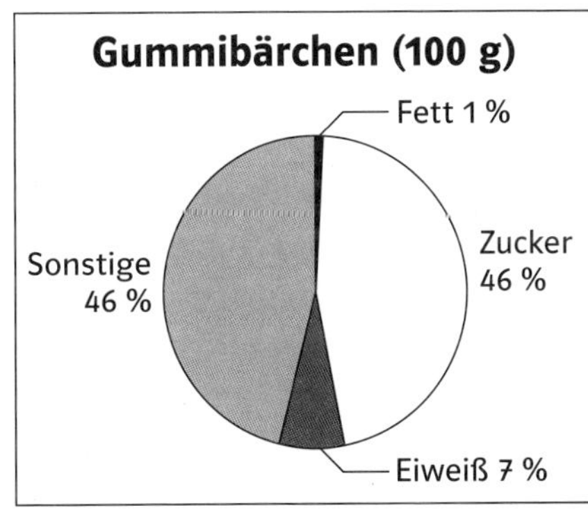

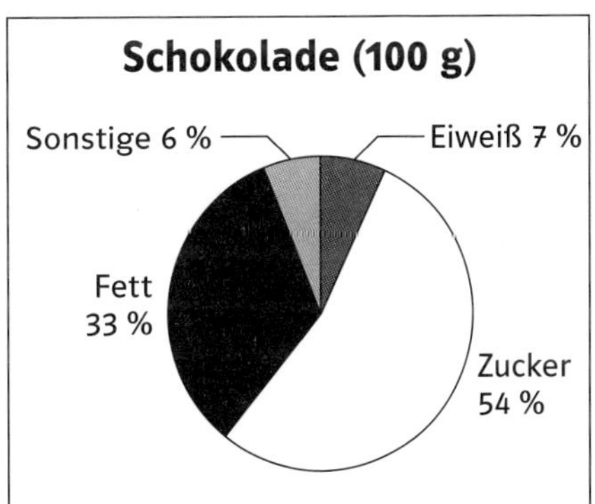

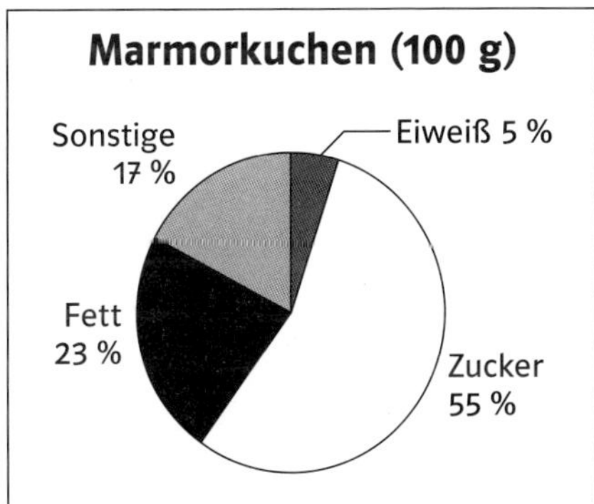

Aufgabe 3: Schätze, wie viel Zucker du täglich zu dir nimmst. Mache dir Gedanken über mögliche (gesündere) Alternativen und tausche dich mit deinem Sitznachbarn aus.

3.4 Abonnement

Aufgabe 1: Gib an, wie viel Euro bei den einzelnen Plätzen pro Saison gespart werden können, wenn man eine Dauerkarte statt einer Einzelkarte kauft.
Wie viel Prozent Ersparnis sind das?
Denke daran: Jedes Team der Fußball-Bundesliga hat 17 Heimspiele!

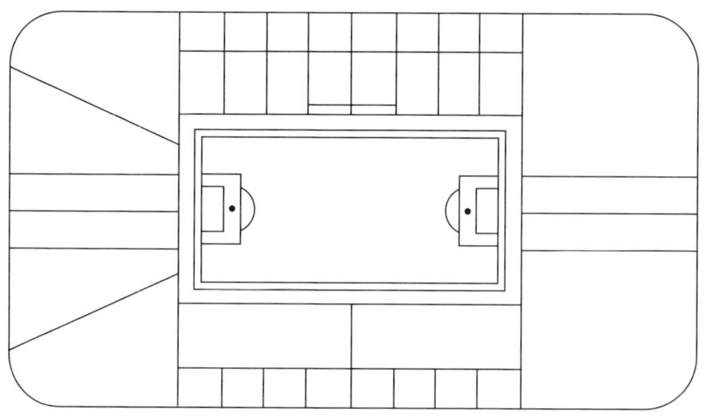

Kategorie	DK-Preise	EK-Preise
Zentraltribüne	530,00	37,50
Haupttribüne	470,00	33,50
Vortribüne Mitte	280,00	21,00
Seitentribüne	355,00	25,50
Vortribüne Seite	250,00	18,00
Ostgerade	190,00	13,00
Ostgerade ermäßigt	115,00	8,00
Nord	145,00	10,50
Nord ermäßigt	100,00	7,00
Nord Vereinsmitglied	100,00	–
Süd	145,00	10,50
Süd ermäßigt	100,00	7,00
Süd Vereinsmitglied	100,00	–

Aufgabe 2: Der Manager des Eishockeyclubs Bad Schaunheim möchte Dauerkarten anbieten. Der reguläre Eintrittspreis beträgt 8,20 € pro Spiel. Der Manager plant eine Vergünstigung für Dauerkartenbesitzer von 5 %.

a) Berechne, wie viel dann eine Dauerkarte mit 36 Heimspielen kostet.

b) Ermittle, wie viel Euro gespart werden können, wenn man sich für den Kauf einer Dauerkarte entscheidet.

Aufgabe 3: Der Einzelpreis für einen Sitzplatz beim 1. FC Grumbach kostet 4,20 €. Eine Dauerkarte, die 20 Heimspiele umfasst, kostet 71,40 €. Berechne, wie viel Prozent durch den Kauf einer Dauerkarte gespart werden können.

3.5 Autokauf

Ermittle rechnerisch, welches der angeführten Angebote günstiger ist, wenn es sich um einen Neuwagen des gleichen Modells und gleicher Ausstattung handelt.

a)

b) Berechne die Endpreise, wenn bei beiden Angeboten auf den Bruttopreis ein Rabatt von 5 % Skonto gewährt wird.

Aufgabe 2:

a) Berechne den Endpreis inklusive aller aufgeführten Zusatzausstattungen.

Neupreis 24 500 €	Metalliclackierung rot 1750 €	Seitenairbags 450 €	Soundsystem deluxe 850 €
Navigationssystem 3 500 €	Winterpaket (Sitzheizung, etc.) 550 €	8-fach bereift 450 €	Xenonscheinwerfer 1250 €

b) Gib an, um wie viel Prozent sich der Preis des Neuwagens durch die Sonderausstattung erhöht hat.

c) Der Mitarbeiter des Autohauses gewährt einen Rabatt von 4 % bei Barzahlung. Berechne die Gesamtkosten für den Neuwagen.

Aufgabe 3: Herr Büttner will sich das Auto aus Aufgabe 2 (ohne Zusatzausstattung) nicht kaufen, sondern er möchte es leasen.

a) Recherchiere im Internet, was unter dem Begriff „Leasing" verstanden wird.

b) Erläutere, welche Vor- bzw. Nachteile das Leasing haben kann.

c) Herr Büttner erhält folgendes Leasingangebot für das Fahrzeug:

Einmalige Anzahlung: 2 350 € Monatliche Leasingrate: 320 € Laufzeit: 3 Jahre.

Wie viel Euro muss Herr Büttner für die gesamte Leasingzeit bezahlen?

d) Wie viel Prozent des Neuwagenpreises zahlt Herr Büttner in den 3 Jahren?

3.6 Kosten eines Autos

Aufgabe 1: Frau Stein finanziert sich einen Neuwagen und möchte ihre jährlichen Kosten kalkulieren. Berechne, welche Kosten jährlich auf Frau Stein zukommen. Denke auch an die Spritkosten.

Kaufpreis	23 000,00 €
Laufzeit des Kredites in Jahren	8
Kilometer pro Jahr	20 000
Restwert nach 8 Jahren	7 000,00 €

Kosten:

Monatsrate Auto	350,00 €
Kfz-Steuer pro Jahr	85,00 €
Kfz-Versicherung im Quartal	195,00 €
Inspektion pro Jahr	550,00 €
Reparaturen pro Jahr	200,00 €
Sonstige Kosten pro Jahr	400,00 €

Benzinpreis pro Liter	1,45 €
Verbrauch in Liter pro 100 km	9 Liter (kombiniert)

Aufgabe 2: Ermittle den Wertverlust des Neuwagens nach acht Jahren und gib den Wertverlust in Prozent an.

Aufgabe 3: Ein vergleichbarer Neuwagen hat die gleichen Daten wie das oben angeführte Auto, jedoch liegt der Benzinverbrauch nur bei 7,5 l pro 100 km.

a) Berechne die Kraftstoffkosten des Autos pro Monat bei gleichem Benzinpreis.

b) Ermittle rechnerisch, wie viel Geld der Besitzer dieses Autos im Monat im Vergleich zu Frau Stein spart.

c) Gib die Kostenersparnis pro Monat in Prozent an.

3.7 Zeitungsartikel

Aufgabe 1: Lies dir den Artikel aufmerksam durch.

Berufsschule erhält großzügigen Zuschuss

Im Rahmen eines Zuschusses vom Land Hessen erhielt die Berufsschule Butzbach 80 000 € Fördergelder. Der zuständige Schuldezernent, Herr Dr. D., ergänzte: „Diese Summe wurde jetzt vom Wetteraukreis noch einmal um 50 % erhöht und der Schule wurden insgesamt 160 000 € zugewiesen."

a) Überprüfe, ob die Prozentangaben in dem Artikel stimmen.

b) Schreibe einen Brief an Dr. D., indem du den Fehler erklärst und behebst.

Aufgabe 2: Finde die Fehler in den Zeitungsartikeln und verbessere diese.

Schnellfahrer

Fuhr vor einigen Jahren noch jeder zehnte Autofahrer zu schnell, so ist es mittlerweile heute „nur noch" jeder fünfte.
Doch auch fünf Prozent sind zu viele, und so wird weiterhin kontrolliert, und die Schnellfahrer haben zu zahlen.

Quelle: Norderneyer Badezeitung, zitiert nach „Der Spiegel", Nr. 41/1991

Ehescheidungen

Jede dritte Ehe in Deutschland wird geschieden, in Großstädten sogar jede vierte.

Quelle: Wochenpost (1995) (HWH)

Frauen in traditionell männlichen Berufen

… 1991 verdienten in Ostdeutschland immerhin schon mehr als ein Fünftel der berufstätigen Frauen ihr Geld in traditionell männlichen Berufen. In Westdeutschland waren es mit 26,5 Prozent kaum weniger.

Quelle: Neue Westfälische vom 17.10.1991 (JV)

Zufriedene Deutsche

Tübingen – Jeder neunte Deutsche (90,2 Prozent) ist mit dem 1993 Erreichten zufrieden. Das ist das Ergebnis einer Wickert-Umfrage. Seit ihrer Gründung 1951 haben die Wickert-Institute noch nie so viel Zufriedenheit ermittelt.

Quelle: Bild, zitiert nach „Der Spiegel", Nr. 1/1994 (JV)

Aufgabe 3: Suche nach weiteren Artikeln in der Zeitung oder im Internet, in denen sich Fehler eingeschlichen haben und präsentiere deine Ergebnisse der Klasse.

3.8 Rechnungsformular (1)

Aufgabe 1: Berechne die grau unterlegten Felder im Rechnungsformular.

Kunde

Petra Junker
Gießener Straße 11
80000 München

Artikelbezeichnung	Artikelnr.	Einzelpreis	Anzahl	Gesamtpreis
Toner-Kartusche IC23	125480	43,50 €	5	
Monitor 24 Zoll	45712	380,00 €	2	
Infrarot Maus	652012	10,75 €	4	
CD-Rohling	347801	0,15 €	250	
Drucker IP 236	25410	265,00 €	3	

Nettopreis	
19 % MwSt.	
Bruttopreis	

Aufgabe 2: Die Firma Bürobedarf Heinzl & Co. gewährt bei einer Zahlung innerhalb von 14 Tagen 2 % Skonto.

a) Erkläre, was unter dem Begriff Skonto verstanden wird.

b) Berechne den zu überweisenden Betrag, wenn das Geld innerhalb der 14-Tage-Frist überwiesen wird.

c) Gib an, wie viel Geld auf diese Weise gespart werden kann.

3.9 Rechnungsformular (2)

Aufgabe: Rechnungen sollten immer überprüft werden, da sich Fehler einschleichen können. In der unten abgebildeten Rechnung ist genau das passiert. Finde die Rechenfehler in den grau markierten Feldern und korrigiere sie.

Adresse

Hauptschule Laisbachtal
Am Konschloh 5

35000 Butzberg

Artikelbezeichnung	Einzelpreis	Anzahl	Gesamtpreis
Tafel Typ 3	899,30 €	5	4 469,50 €
Overhead-Projektor	745,20 €	8	6 151,60 €
Tafel-Lineal	35,90 €	7	251,30 €
Ordner	2,20 €	12	25,40 €
Kreide (100 Stk.)	14,99 €	17	267,83 €
Klassenbuch	32,40 €	56	1 854,25 €
Tafelschwamm	4,99 €	70	349,30 €
Kopierpapier (500 Blatt)	3,99 €	100	399,00 €
Bastelkarton	1,50 €	350	575,00 €
Scheren	2,95 €	50	147,50€

Nettopreis	16 750,85 €
19 % MwSt.	3 182,66 €
Bruttopreis	19 933,52 €
Skonto (2 %)	398,67 €
Endbetrag	22 435,20 €

3.10 Fernsehprogramm

Aufgabe 1: Die Macher des Fernsehprogramms sind daran interessiert festzustellen, wie viele Zuschauer die jeweilige Sendung gesehen haben.

1. ARD	Tatort	9,04 Mio.
2. ZDF	Die Pastorin	5,31 Mio.
3. ProSieben	Thor	3,74 Mio.
4. Sat 1	Navy CIS	3,62 Mio.
5. RTL	Fast & Furious Five	3,17 Mio.

Für den 15.5.2018 wurden die TV-Quoten für das Abendprogramm ab 20.15 Uhr veröffentlicht.
Die Anzahl aller Fernsehzuschauer betrug an diesem Tag 35,31 Millionen.
Berechne die Einschaltquoten zu den einzelnen Filmen in Prozent.

Aufgabe 2: Berechne die Einschaltquoten für das Fußballspiel Bayern bei Juventus Turin in Prozent.

Spiel beschert Top-Quoten

Bayern „rockt" das ZDF

München – Die Übertragung des Bayern-Spiels bei Juventus Turin hat dem ZDF eine hervorragende Quote beschert. 11,57 Millionen von 31,70 Millionen Fernsehzuschauern sahen in der Spitze das Spiel.

Aufgabe 3: Das Fernsehprogramm wird immer wieder von Werbung unterbrochen, mit der die Fernsehsender Geld verdienen. Dabei gilt folgender rechtlicher Rahmen.

Die Werbung darf 20 Prozent des gesamten Programms nicht überschreiten. Zwischen zwei Werbeblöcken muss mindestens ein Abstand von 20 Minuten liegen.

a) Berechne, wie viele Minuten Werbung demnach pro Stunde ausgestrahlt werden darf.

b) Bei einer Untersuchung wurde festgestellt, dass während eines Spielfilms 17 min Werbung gezeigt wurde. Der Spielfilm hatte eine Länge von 95 Minuten. Eine Sportsendung, die um 18.10 Uhr begann und um 20.00 Uhr endete, wurde mit 24 min Werbung unterbrochen. Gib an, ob die rechtlichen Bestimmungen eingehalten wurden.

c) Berechne, wie lang eine Sendung mindestens sein muss, wenn 12 min (18 min) Werbung gezeigt werden.

3.11 Lohnbescheinigung (1)

Aufgabe 1: Ordne den Beschreibungen die richtigen Begriffe zu.

Krankenversicherung, Rentenversicherung, Arbeitslosenversicherung und Pflegeversicherung nennt man zusammen so • Lohn ohne Abzüge • Betrag, der dem Arbeitnehmer überwiesen wird • Stellt andere Menschen ein bzw. gibt ihnen Arbeit

Bruttolohn: ______________________________

Nettolohn: ______________________________

Sozialversicherung: ______________________________

____

Arbeitgeber: ______________________________

Aufgabe 2: Sebastian arbeitet als Dachdecker-Lehrling. Fülle die grauen Felder aus und berechne seinen Nettolohn. Unten ist Platz für kurze Rechnungen.

Brutto		**436,80 €**
		Ergebnis
Krankenversicherung in %	8,2	
Rentenversicherung in %	9,95	
Arbeitslosenversicherung in %	1,5	
Pflegeversicherung in %	1,2	
Summe Sozialversicherung		
Netto		

2.3 Rezepte

Aufgabe 1: Um Kirschkonfitüre herzustellen, werden entsteinte Kirschen mit Gelierzucker aufgekocht. Für eine Packung Gelierzucker (500 g) werden 750 g entsteinte Kirschen benötigt.

a) Berechne, wie viel Gelierzucker für 2,5 kg Kirschen benötigt wird.

b) Ermittle rechnerisch, wie viel Gelierzucker und Kirschen man benötigt, um 1,5 kg Konfitüre herzustellen.

Aufgabe 2: Sarah und Jessika wollen für die Familienfeier Reissalat zubereiten. Hierfür haben sie das Rezept ihrer Mutter verwendet.

a) Berechne die Menge, die die beiden benötigen, um einen Reissalat für 15 Personen zuzubereiten.

b) Beschreibe, wie Sarah und Jessika die Mengenangaben für die dreifache, vierfache, … Menge berechnen.

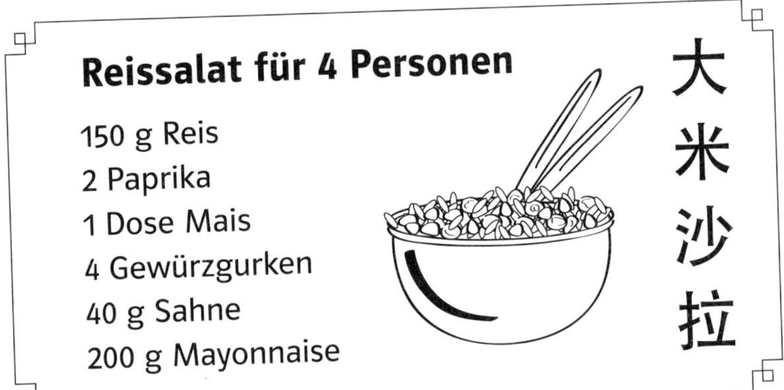

Reissalat für 4 Personen

150 g Reis
2 Paprika
1 Dose Mais
4 Gewürzgurken
40 g Sahne
200 g Mayonnaise

大米沙拉

Aufgabe 3: Für eine Geburtstagsparty möchte Monika Pizza für ihre Gäste backen. Monika erwartet ca. 25 Personen.

a) Berechne die Menge, die Monika für 25 Gäste benötigt.

b) Schreibe Monika eine Einkaufsliste. Gib begründet an, wie viel sie von jeder Zutat kaufen sollte.

c) Informiere dich, was die Zutaten insgesamt kosten.

Pizzateig für 4 Portionen

250 g Mehl
1 Packung Backpulver
1 TL Salz
125 g Quark
4 EL Milch
4 EL Öl
1 Ei (Gr. M)

Aufgabe 4: Suche dir ein Rezept deiner Wahl und erstelle eine Einkaufsliste für 24 Personen.

3.12 Lohnbescheinigung (2)

Aufgabe: Finde die Fehler in den unten angeführten Lohnabrechnungen.

a) Korrigiere die Fehler.

b) Vergleiche die Lohnabrechnungen mit einer Lohnabrechnung deiner Eltern. Gib an, welche Abzüge auf der Abrechnung bisher nicht beachtet wurden, obwohl diese bei vielen Arbeitnehmern vom Bruttolohn abgezogen werden.

Die Lohnsteuer wurde korrekt eingetragen.

Brutto		**2838,20 €**	
		Ergebnis	**Korrektur**
Krankenversicherung in %	8,2	232,73 €	
Rentenversicherung in %	9,95	255,44 €	
Arbeitslosenversicherung in %	1,5	425,73 €	
Pflegeversicherung in %	1,2	34,06 €	
Summe Sozialversicherung		947,96 €	
Lohnsteuer		432,75 €	
Gesamtabzüge		1380,71 €	
Nettolohn		**1457,49 €**	

Brutto		**1.915,20 €**	
		Ergebnis	**Korrektur**
Krankenversicherung in %	8,2	28,73 €	
Rentenversicherung in %	9,95	190,56 €	
Arbeitslosenversicherung in %	1,5	287,28 €	
Pflegeversicherung in %	1,2	22,98 €	
Summe Sozialversicherung		529,55 €	
Lohnsteuer		204,08 €	
Gesamtabzüge		733,63 €	
Nettolohn		**2648,83 €**	

3.13 Rabattaktionen (1)

Aufgabe 1: Im Werbeblättchen des Baumarkts hat Emil folgende Angebote gefunden:

Berechne die neuen Preise für die aufgeführten Artikel. Runde sinnvoll.

Aufgabe 2: „Alles um 20 % reduziert". Emil freut sich, denn er hat sich im Baumarkt einen Spaten für 20,00 €, einen Rechen für 23,92 € und den Rasenmäher für 229,20 € gekauft.

a) Berechne, wie viel Euro Emil jeweils ohne die Rabattaktion hätte bezahlen müssen.

b) Gib an, wie viel Euro er insgesamt gespart hat.

Aufgabe 3: Satte Rabatte – oder doch nicht?

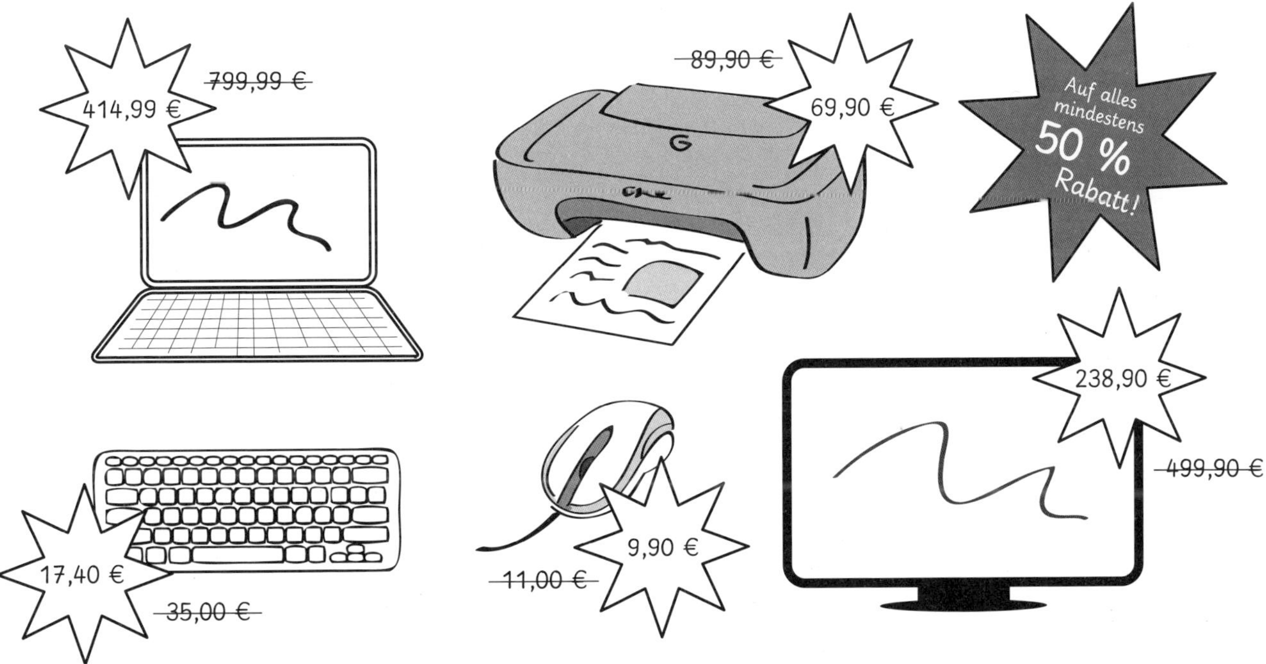

Berechne den prozentualen Nachlass der aufgeführten Artikel. Stimmt die Behauptung?

3.14 Rabattaktionen (2)

Aufgabe 1: Angebote im Supermarkt

a) Gib an, wie viel Geld gespart werden kann, wenn man ausschließlich die Angebote kauft.

b) Berechne den Preisvorteil der einzelnen Produkte in Prozent.

c) Erläutere, wann solche Angebote sinnvoll sein können und warum sie am Ende eventuell keinen Vorteil dargestellt haben.

Aufgabe 2: Rolf und Emily möchten sich neue T-Shirts kaufen. Das Einkaufscenter wirbt im Moment mit folgender Aktion:

Einkaufscenter – Rabattaktion

Sie erhalten 20 % auf das zweite T-Shirt,
30 % auf das dritte T-Shirt,
50 % auf das vierte T-Shirt, das sie bei und kaufen.

a) Emily kauft sich zwei T-Shirts zum Preis von 45,00 € und 36,90 €. Berechne, wie viel Emily insgesamt für ihre T-Shirts zahlen muss.

b) Rolf entscheidet sich ebenfalls für zwei T-Shirts zum Preis von 25,95 € und 29,90 €. Gib an, wie viel Rolf für seinen Einkauf zahlen muss.

c) Rolf und Emily entschließen sich ihren Einkauf zusammenzulegen. Berechne, wie viel Geld sie sparen konnten.

3.15 Klassenarbeit (1)

Aufgabe 1: Die Mathematikarbeit der Klasse 7a brachte folgendes Ergebnis.

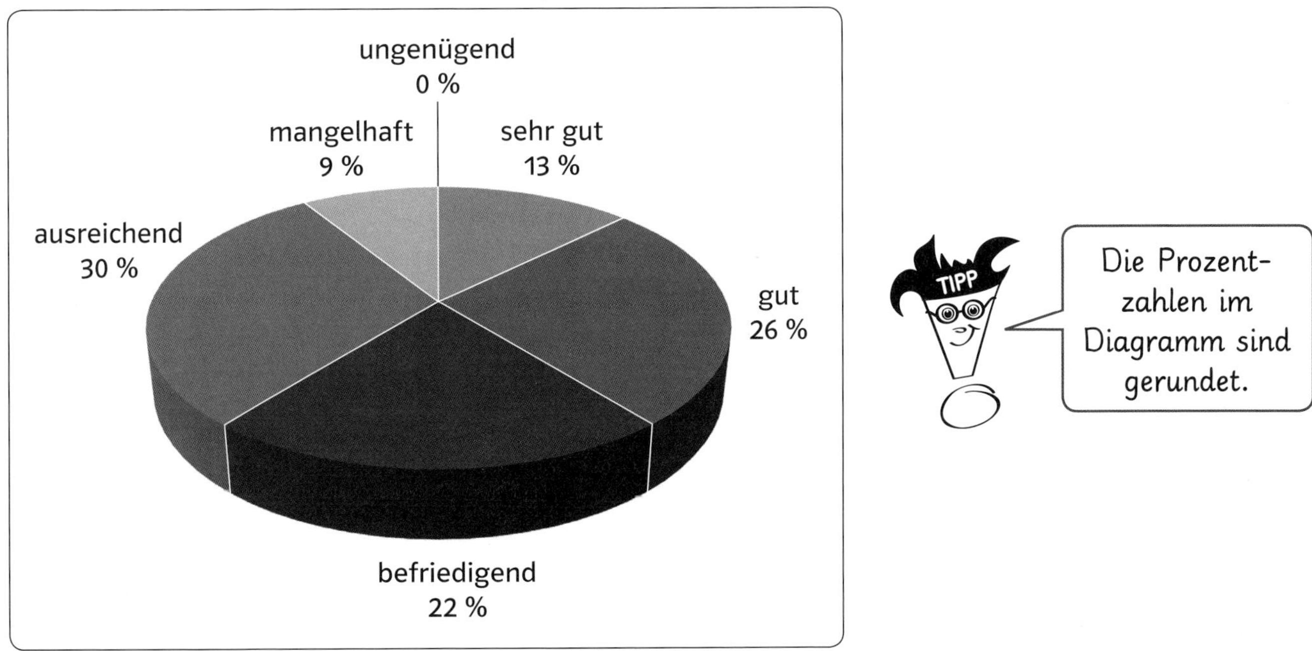

a) Die Klasse 7a hat 23 Schülerinnen und Schüler. Erstelle aus den Daten des Kreisdiagramms den Notenspiegel.

Note	1 Sehr gut	2 gut	3 befriedigend	4 ausreichend	5 mangelhaft	6 ungenügend
Anzahl Schüler						

b) Berechne den Mittelwert (Klassendurchschnitt).

c) Sollten mehr als 50 % der Schüler der Klasse schlechter als „ausreichend" abgeschlossen haben, muss die Mathematikarbeit wiederholt werden. Überprüfe, ob dies bei der Klasse 7a der Fall ist.

3.16 Klassenarbeit (2)

Aufgabe 1: Die Klassenarbeit der 6a brachte folgendes Ergebnis.

Note	1 Sehr gut	2 gut	3 befriedigend	4 ausreichend	5 mangelhaft	6 ungenügend
Anzahl Schüler	2	5	9	4	2	1
Prozent der Schüler						

a) Gib an, wie viel Prozent der Schüler die Note 1, 2, 3, 4, 5 und 6 geschrieben haben.

b) Zeichne unten links ein Säulendiagramm zu der Zuordnung.

Aufgabe 2: Die Klassenarbeit der 6b brachte folgendes Ergebnis.

Note	1 Sehr gut	2 gut	3 befriedigend	4 ausreichend	5 mangelhaft	6 ungenügend
Anzahl Schüler	0	6	12	6	5	3
Prozent der Schüler						

a) Gib an, wie viel Prozent der Schüler die Note 1, 2, 3, 4, 5 und 6 geschrieben haben.

b) Zeichne unten rechts ein Säulendiagramm zu der Zuordnung.

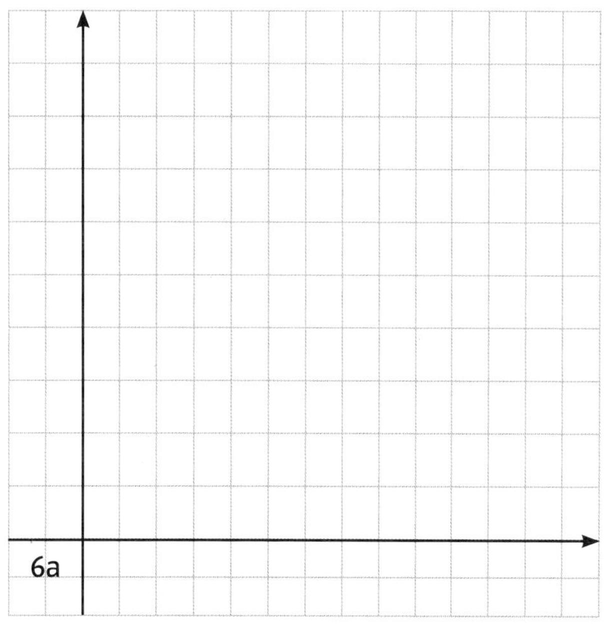

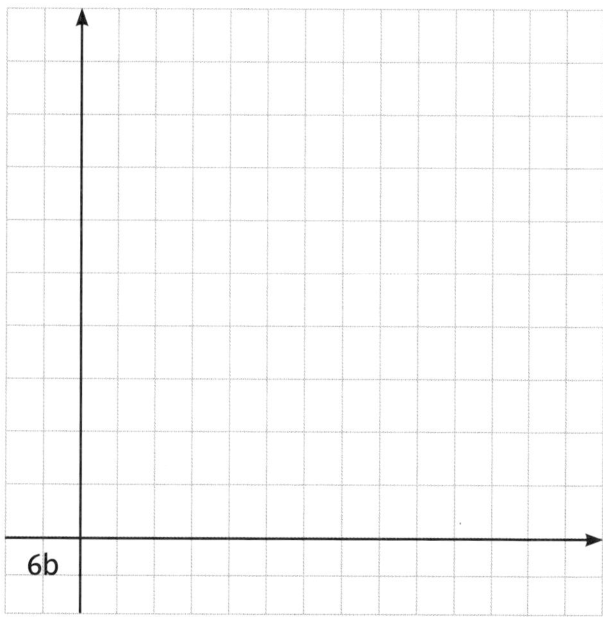

Aufgabe 3: Vergleiche die Ergebnisse beider Klassen. Erläutere, welche Klasse besser abgeschnitten hat.

4.1 Kontoführung (1)

Aufgabe 1: Erkläre folgende Begriffe:

Haben

Überziehen

Abheben

Überweisung

Einzahlen

Abbuchung

Soll

Aufgabe 2: Überlege, ob Geld auf das Konto eingezahlt oder ausgezahlt wurde und berechne die eingezahlten bzw. ausgezahlten Geldbeträge.

Datum	01.01.18	08.03.18	15.05.18	27.05.18	03.06.18	29.06.18
Alter Kontostand	573 €	750€	-850 €	365 €	1145 €	-458 €
Neuer Kontostand	275 €	-123€	275 €	-215 €	1475 €	785 €
Konto-bewegung						

Aufgabe 3: Nathalie hat sich einen Kontoauszug bei ihrer Bank geholt.

Kontoauszug
IBAN DE88 6001 0080 0900 8888 01
BIC CDBFAAGGXXX

Sparhier Bank
Kontostand am 22.03.2018: **+485,99**
Auszug Nr. 1

Datum	**Buchung**	**Betrag**
23.03.2018	Einkauf Supermarkt	-47,93
30.03.2018	Mikrowellenherd aus Online-Shop	-49,99
02.04.2018	Lohn 03/2018 Gehaltszentrum	+1207,42
04.04.2018	Miete (warm)	-575,00
15.04.2018	Überweisung Oma Hilde	+100,00
18.04.2018	Einkauf Supermarkt	-124,15
20.04.2018	Drogerie	-64,95
21.04.2018	Handyrechnung	-29,99
26.04.2018	Strom AG -	-50,00
02.05.2018	Lohn 04/2018 Gehaltszentrum	+1207,42

a) Erkläre, was beim Kontoauszug die Zeichen + und – bedeuten.

b) Berechne, wie viel Geld auf Nathalies Konto überwiesen und wie viel abgebucht wurde.

c) Berechne den aktuellen Kontostand von Nathalie.

4.2 Kontoführung (2)

Aufgabe 1: Tim besitzt ein Jugendgirokonto. Bei diesem Konto kann Tim Geld am Schalter der Bank einzahlen, Geld überweisen und abheben. Tim kann sein Konto nicht überziehen.

Kontoauszug

IBAN AT77 0815 4970 7777 4040 00

BIC COBABBFFYYY

Waldbank

Auszug Nr. 1

Datum	Buchung	Betrag
12.05.	Geldautomat	-35,00
15.05.	Bareinzahlung	+60,00
23.05.	Geldautomat	-45,00
28.05.	Handyrechnung	-35,00
01.06.	Überweisung Oma Hilde	+35,00
07.06.	Taschengeld	+40,00
13.06.	Geldautomat	-15,00

Alter Kontostand	11.05	EUR 55,11
Neuer Kontostand	15.06	EUR ______________

a) Erkläre, warum es sinnvoll ist, dass Tim sein Konto nicht überziehen kann.

b) Erläutere, was das + und das – vor den Geldbeträgen bedeutet.

c) Berechne, wie viel Geld abgehoben bzw. eingezahlt wurde.

d) Ermittle den neuen Kontostand rechnerisch.

e) Am 11. Mai wollte Tim 65 Euro abheben. Erkläre, wieso dies nicht möglich war.

Aufgabe 2: Tims größter Wunsch ist ein neues Videospiel. Das Videospiel kostet 79 €. Ermittle rechnerisch, ob sich Tim das Videospiel kaufen kann, wenn er im restlichen Juni kein Geld mehr ausgibt und er auf das Taschengeld im Juli wartet.

4.3 Auf dem Flohmarkt

Aufgabe 1: Jonas, Klara und Kim wollen auf dem Flohmarkt einige ihrer Spielsachen verkaufen und anschließend den Gewinn gleichmäßig teilen.

a) Für den Verkauf auf dem Flohmarkt wird eine Standgebühr von 30 Euro fällig. Erkläre, was unter einer Standgebühr verstanden wird. Erkundige dich, ob die Standgebühr auch fällig ist, wenn nichts verkauft wurde.

b) Gib verschiedene Möglichkeiten an, was die drei mindestens verkaufen müssen, um die Standgebühr zu erwirtschaften.

Aufgabe 2: Berechne den Gewinn, wenn alle Spielsachen verkauft werden können.

Aufgabe 3: Auf dem Flohmarkt konnte leider nicht alles verkauft werden. Das Brettspiel, das Puzzle, die PC-Spiele, die Kinderbücher und der Teddy wurden nicht gekauft. Die drei entschließen sich, alle nicht verkauften Spielsachen zum Komplettpreis von 30 € anzubieten.

a) Gib an, wie viel dadurch insgesamt eingenommen werden konnte.

b) Berechne, wie viel Geld durch das Kombiangebot weniger eingenommen wurde und gib dein Ergebnis in Prozent an.

c) Erkläre, warum es sinnvoll ist, die übriggebliebenen Spielsachen am Ende des Tages gebündelt zu verkaufen.

Aufgabe 4: Jonas möchte sich vom Erlös des Flohmarktverkaufs ein neues PC-Spiel kaufen. Das Spiel kostet 49,90 €.

a) Begründe rechnerisch, ob der Erlös für das Videospiel ausreicht.

b) Gib an, unter welchen Bedingungen sich Jonas das Spiel hätte kaufen können.

5.1 Daten im Alltag

Aufgabe 1: Das Diagramm gibt den Energieverbrauch in Deutschland in den Jahren 2000 bis 2012 wieder.

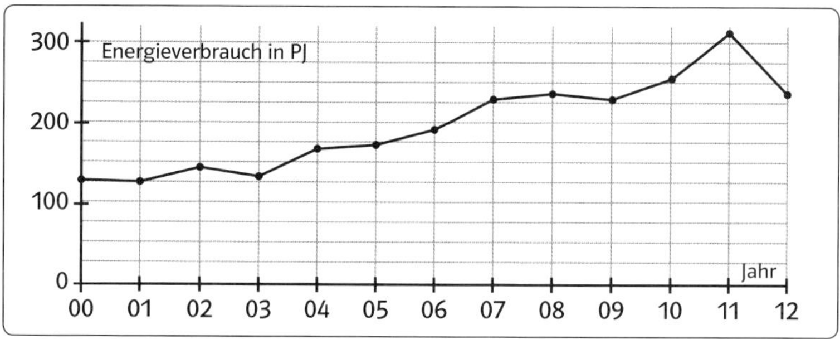

a) Gib an, in welchem Jahr der Energieverbrauch in Deutschland am höchsten bzw. am niedrigsten war.

b) Entnimm dem Graphen den Energieverbrauch von 2000 bis 2012 und erstelle eine Tabelle. Runde dabei die Werte sinnvoll.

Aufgabe 2:
Im Winter 2017/18 klagten die Hotelbetriebe am Feldberg im Schwarzwald über die schlechte Schneelage.
Eine Schneehöhe von über 40 cm wird als ideal für den Wintersport angesehen.

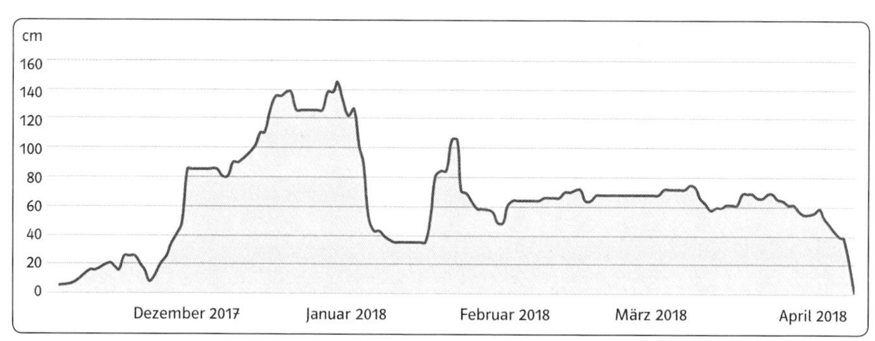

a) Erläutere, ob das Diagramm die Klage über die schlechte Schneelage stützt.

b) Gib an, wann die höchste bzw. geringste Schneehöhe gemessen wurde.

c) Für den Wintersport ist eine Schneehöhe über 40 cm ideal. Entnimm dem Diagramm, wann entsprechend viel Schnee lag.

d) Zu Weihnachten fahren besonders viele Familien zum Skifahren in den Schwarzwald. Gib an, ob genügend Schnee zu diesem Zeitpunkt lag.

Aufgabe 3: Ingenieure haben die Fahrt der neuen S-Bahn zwischen zwei Haltestellen untersucht und den Geschwindigkeitsverlauf gemessen. Beschreibe den Graphen.

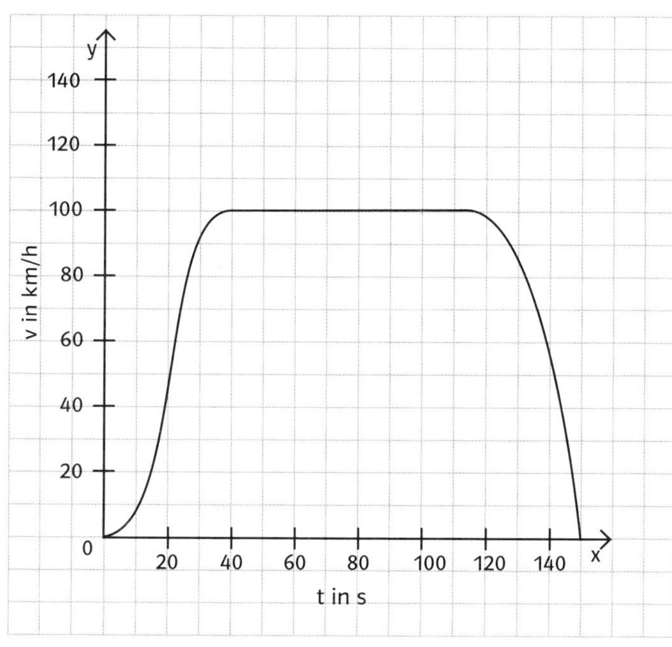

5.2 PKW-Zulassungen

Aufgabe 1: PKW-Farben in Deutschland von 2008 – 2017 für Neuzulassungen

Jahr	Grau	Schwarz	Blau	Rot	Weiß	Braun	Gesamtzulassungen
2008	37,2 %	31,1 %	13 %	5,9 %	6,2 %	1,3 %	3 090 040
2009	32,5 %	27,6 %	13,7 %	5,2 %	8,8 %	9,8 %	3 807 175
2010	32,5 %	30,3 %	10,5 %	6,8 %	11,5 %	3,6 %	2 916 260
2011	30,9 %	31 %	9 %	5,8 %	13,9 %	6 %	3 173 634
2012	29,4 %	29,5 %	8,2 %	5,8 %	15,7 %	6,7 %	3 082 504
2013	27,7 %	28,2 %	8,9 %	6,3 %	17,9 %	6,5 %	2 952 431
2014	27,2 %	27,9 %	8,7 %	6,9 %	19,6 %	5,8 %	3 036 773
2015	28,7 %	27,3 %	9,1 %	6,2 %	19,5 %	3,7 %	3 206 042
2016	28,1 %	27,4 %	8,7 %	6,4 %	20,1 %	3,5 %	3 351 607
2017	28,5 %	25,6 %	10,1 %	6,7 %	20,8 %	2,9 %	3 441 626

(Quelle: https://www.kba.de/DE/Statistik/Fahrzeuge/Neuzulassungen/Farbe/n_farbe_zeitreihe.html?nn=658238 – letzter Zugriff: 10.07.18)

a) Stelle die Farbvorlieben für das Jahr 2017 in einem Kreisdiagramm dar.

b) Berechne die Anzahl der Neuzulassungen im Jahr 2017 in Bezug auf die PKW-Farbe.

c) Erstelle ein Diagramm für den Zeitraum 2008–2017, in dem die Beliebtheit der Autofarben Weiß und Braun dargestellt wird.

Aufgabe 2: Im Jahr 2009 wurde die Abwrackprämie oder auch Umweltprämie eingeführt. Hierbei erhielt man vom Staat eine finanzielle Entschädigung von 2 500 € für das Verschrotten eines Autos. Voraussetzung für die Beantragung dieser Prämie war es, dass das Auto mindestens neun Jahre alt war und der Halter des Fahrzeugs das Auto mindestens ein Jahr in Besitz hatte. Mit dieser Prämie beabsichtigte man die Wirtschaft anzukurbeln.
Bis Anfang Mai wurde der VW Golf am häufigsten verschrottet. Insgesamt waren dies 19 400 Fahrzeuge, die einen Anteil von 10,65 % aller abgewrackten Autos ausmachten. Weiterhin wurden 14 500 Opel Corsa, 12 000 Opel Astra und 10 000 VW Polo verschrottet.

a) Berechne, wie viele Autos insgesamt bis Anfang Mai 2009 verschrottet wurden.

b) Gib an, wie hoch der prozentuale Anteil der VW Polo, Opel Astra und Opel Corsa war.

c) Stelle die Anteile der einzelnen Autos in einem Kreisdiagramm dar.

5.3 Ausbildungsberufe

Aufgabe 1: Das Bundesinstitut für Berufsbildung hat im Jahr 2017 die 10 beliebtesten Ausbildungsberufe veröffentlicht. Die Ergebnisse kannst du dem Diagramm unten entnehmen.

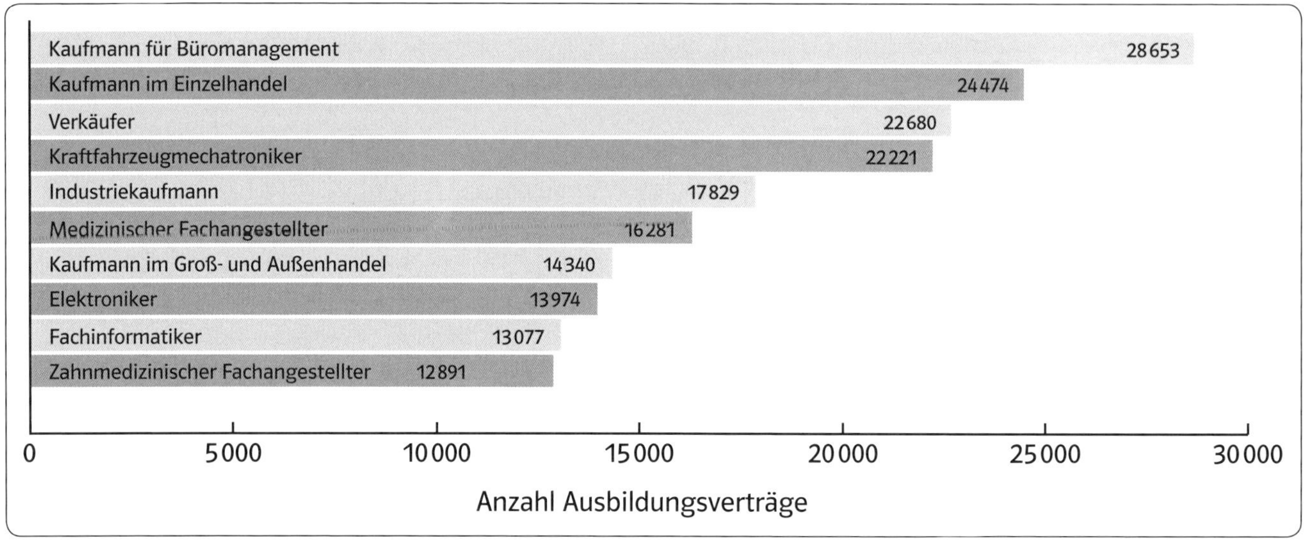

a) Gib an, wie viel Prozent auf die einzelnen Berufsfelder entfallen.

b) Stelle deine Ergebnisse in einem Kreisdiagramm (Streifendiagramm) dar.

Aufgabe 2: In regelmäßigen Abständen werden Statistiken zu Beruf und Ausbildung in Deutschland veröffentlich.

Ausbildungsverträge 2016
Neu abgeschlossen in Deutschland vom 01. Oktober 2015 bis 30. September 2016

Berufsfeld	**Abschlüsse**	**Veränderungsrate zum Vorjahr**
Industrie- und Handelskammer	304302	–1,3 %
Handwerk	141768	0,2 %
Öffentlicher Dienst	13800	3,9 %
Landwirtschaft	13614	0,5 %
Freie Berufe	44562	3,3 %
Hauswirtschaft	2139	–5,5 %

a) Sieh dir die Zahlen in der Tabelle an und erkläre sie.

b) Berechne, wie viele Ausbildungsverträge mehr bzw. weniger in den einzelnen Berufsfeldern abgeschlossen wurden.

c) Stelle die Vertragsabschlüsse in einem Kreisdiagramm dar.

5.4 Bundestagswahlen

Aufgabe 1: Recherchiere, in welchem Abstand die Bundestagswahlen stattfinden und erkläre, welchen Zweck diese Wahlen erfüllen.

Aufgabe 2: In der Tabelle sind die Ergebnisse der Bundestagswahlen aus dem Jahr 2017 dargestellt.

a) Erstelle ein Kreisdiagramm zu den Wahlergebnissen aus dem Jahr 2017.

b) Berechne die Gewinne bzw. Verluste der jeweiligen Parteien zur vorherigen Wahl (2013).

c) Stelle die Gewinne und Verluste in einem Säulendiagramm dar. Beachte: Bei Gewinnen geht die Säule von der x-Achse aus nach oben, bei Verlusten nach unten.

Partei	Parteiname	2017 Prozentuale Stimmverteilung	2013 Prozentuale Stimmverteilung
CDU/CSU	Christlich Demokratische Union Deutschlands	33,0 %	41,5 %
SPD	Sozialdemokratische Partei Deutschlands	20,5 %	25,7 %
AfD	Alternative für Deutschland	12,6 %	4,7 %
FDP	Freie Demokratische Partei	10,7 %	4,8 %
DIE LINKE	DIE LINKE	9,2 %	8,6 %
GRÜNE	BÜNDNIS 90/GRÜNE	8,9 %	8,4 %
Sonstige		5,0 %	6,2 %

Aufgabe 3: Am 24. September 2017 durften 61,5 Millionen Deutsche wählen. Die Wahlbeteiligung lag in diesem Jahr bei 76,2 %.

a) Berechne, wie viele Menschen an diesem Tag tatsächlich gewählt haben.

b) Der Anteil der ungültigen Stimmen betrug 1 %. Gib an, wie viele Menschen keine gültige Stimme abgegeben haben.

c) Ermittle rechnerisch, wie viele Menschen nicht gewählt haben.

Aufgabe 4: Um regieren zu können, benötigt man mehr als 50 % der Wahlstimmen. Die sonstigen Parteien sind nicht im Bundestag vertreten, da sie an der 5-Prozent-Hürde gescheitert sind. Gib alle möglichen Koalitionen aus maximal drei Parteien an.

1.1 Eisenbahnschienen

Aufgabe 1: Finn hat mit seinen Freunden Eisenbahnstrecken gebaut, mit dem Ziel die längste Strecke im Vergleich zu den anderen beiden zu bauen. Finn meint: „Ganz klar, meine Eisenbahnstrecke ist die längste, das sieht man gleich.“ Seine Freunde wollen das nicht glauben und diskutieren.

Auf der Abbildung erkennst du die drei Eisenbahnstrecken, die Finn und seine Freunde gebaut haben.

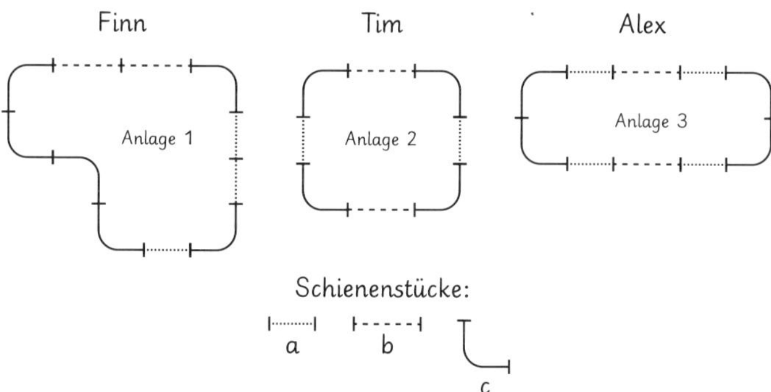

a) Berechne die Gesamtlänge der einzelnen Eisenbahnstrecken mithilfe von Termen.
   a = 30 cm, b = 33 cm, c = 35 cm

b) Erkläre, wie du bei der Aufstellung deines Terms vorgegangen bist.

Aufgabe 2: Melanie und Simone haben einen Term für die Anlage 1 aufgeschrieben:

Melanie:	$2 \cdot a + c + a + 4 \cdot c + 2 \cdot b + c$
Simone:	$3a + 2b + 6c$

a) Wie ist Melanie beim Aufstellen ihres Terms vorgegangen?

b) Was hat sich Simone beim Aufstellen des Terms leichter gemacht?

Aufgabe 3: Im nebenstehenden Bild siehst du, welche Schienenelemente Finn und seine Freunde zur Verfügung haben.

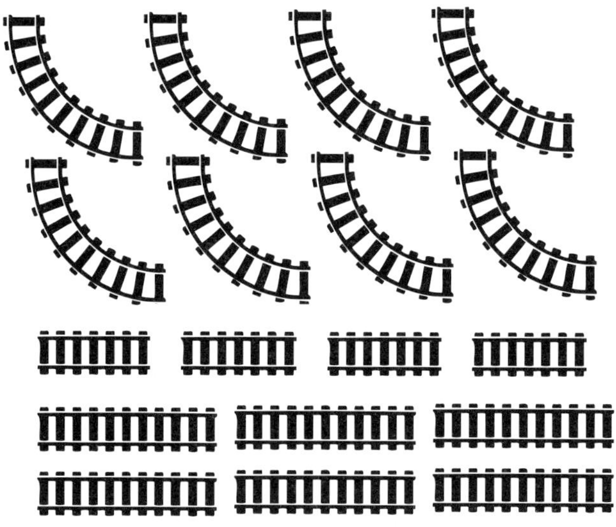

a) Erstelle einen Term für die kürzeste Eisenbahnstrecke bei der alle Teile miteinander verbunden sind und berechne deren Länge.

b) Stelle einen Term für die längste Eisenbahnstrecke auf und berechne die Gesamtlänge.

1.2 Urlaub mit dem Wohnmobil

Aufgabe 1: Familie Rust möchte mit dem Wohnmobil ein paar Tage in Italien Urlaub machen und dafür ein Wohnmobil mieten. Während der Reiseplanung haben sie bereits zwei Angebote eingeholt:

Vermietung Angebot 1 Übergabepauschale: 90 € Tagespreis inkl. aller km: 79,50 €	Vermietung Angebot 2 Übergabepauschale: 157,50 € Tagespreis inkl. aller km: 75,00 €

a) Berechne, wie viel Familie Rust für zwei Wochen Urlaub bei den einzelnen Angeboten bezahlen würde.

b) Ermittle rechnerisch, nach wie vielen Tagen Angebot 2 günstiger ist.

c) Familie Rust beschließt, das Wohnmobil für 16 Tage zu mieten. Ab einer Mietdauer von mehr als zwei Wochen gewährt der Wohnmobilverleih des 1. Angebots einen Rabatt von 0,75 %. Frau Rust behauptet, dass der Mietpreis bei beiden Anbietern nun gleich sei. Überprüfe die Behauptung.

Aufgabe 2: Für das Mieten eines Wohnmobils zahlt man pro Tag eine Grundgebühr und einen bestimmten Betrag pro gefahrenen Kilometer. Familie Kunz möchte sich ein Wohnmobil für 12 Tage mieten. Sie planen eine Reise von Berlin nach Italien an den Gardasee. Sie schätzen, dass sie insgesamt etwa 2 800 km zurücklegen.

Wohnmobilvermietung Krug

Grundgebühr/Tag 118,75€
Kosten pro gefahrenen km: 0,30 €

a) Berechne, wie viel Familie Kunz für das Wohnmobil insgesamt zahlen muss.

b) Familie Kunz legte insgesamt doch nur eine Strecke von 2 415 km zurück. Gib an, wie viel Geld sie sparen konnten.

c) Berechne, wie viel Familie Kunz insgesamt für das Wohnmobil zahlte, wenn das Wohnmobil einen Verbrauch von 27,5 Litern auf 100 km hatte und sie 1,45 € für das Benzin bezahlten.

2.1 Autofinanzierung

Aufgabe 1: In einem Autohaus findet sich folgendes Finanzierungsangebot für ein Auto.

Barpreis für das Fahrzeug	13 000,00 €
Anzahlung	2 600,00 €
Vertragslaufzeit	36 Monate
Anzahl der Raten	35
Schlussrate zum Vertragsende	5 200,00 €
Monatliche Rate inklusive Restschuldversicherung	202,65 €

a) Berechne, welcher Betrag insgesamt für das Auto gezahlt werden muss.

b) Gib an, um wie viel Prozent der ursprüngliche Kaufpreis überschritten wurde.

c) Erläutere unter welchen Bedingungen sich eine Autofinanzierung lohnt.

Aufgabe 2: In einem anderen Autohaus findet sich folgendes Angebot für einen Neuwagen.

Barpreis für das Fahrzeug	24 000,00 €
Vertragslaufzeit	42 Monate
Anzahl der Raten	41
Schlussrate zum Vertragsende	12 000,00 €
Monatliche Rate inklusive Restschuldversicherung	398,23 €

a) Berechne die Gesamtsumme, die für das Auto gezahlt werden muss.

b) Ermittle rechnerisch, um wie viel Prozent der ursprüngliche Kaufpreis des Neuwagens überschritten wurde.

Aufgabe 3: Herr Budak finanziert ein Auto für 20 000 € über einen Kredit bei der Bank. Dabei muss er ab dem zweiten Monat jeweils zu Monatsbeginn 400 € zurückzahlen. Dieser Betrag beinhaltet die Zinsen und die Tilgung. Der Darlehenszins liegt bei 5 %.

Monat	Tilgung	Stand Darlehen am Monatsanfang	Zinsen	Stand Darlehen am Monatsende
1		20 000,00 €	83,33 €	20 083,33 €
2	400,00 €	19 683,33 €	82,01 €	19 765,35 €
3	400,00 €	19 365,35 €	80,69 €	19 446,04 €
4	400,00 €			

a) Erläutere die Tabelle.

b) Führe die Tabelle in einem Tabellenkalkulationsprogramm weiter. Nach wie vielen Monaten ist der Kredit abbezahlt?

2.2 Sparbuch

Aufgabe 1: Yannik hat von seinen Großeltern ein Sparbuch zum Geburtstag geschenkt bekommen. Dort haben sie 300 € angelegt, die zu 2 % verzinst werden. Berechne, wie hoch die Zinsen sind, die Yannik nach einem Jahr erhält.

Aufgabe 2: Tabea hat 540 € ebenfalls auf einem Sparbuch zu 2 % angelegt. Ermittle rechnerisch, wie viel Euro Zinsen sie nach einem halben Jahr erhält.

Aufgabe 3: Der aufgeführte Sparbuchauszug veranschaulicht die verschiedenen Geldeingänge auf dem Sparbuch. Berechne die Zinsen und den neuen Kontostand bei einem Zinssatz von 2 %.

Nr.	Datum	Vorgang	Wert	Kontostand
1	01.04.2017	Einzahlung	2200 €	+ 2200 €
2	01.09.2017	Einzahlung	1000 €	+ 3200 €
3	01.12.2017	Einzahlung	1800 €	
4	01.01.2018	Guthabenzinsen		

Aufgabe 4: Auf einem Sparbuch gibt es 3,00 % Zinsen pro Jahr. Berechne die leeren Felder. Beachte: Die Zinsen werden taggenau berechnet. Beispiele: Die Einzahlung vom 01. Januar wird für 360 Tage berechnet, die Einzahlung vom 28. November wird für 33 Tage berechnet, also 3 Tage im November und 30 Tage im Dezember.

Datum	Vorgang	Wert	Gesamtguthaben
01. Januar 2016	Einzahlung	2000,00 €	
15. März 2016	Einzahlung	1400,00 €	
28. November 2016	Einzahlung	900,00 €	
01. Januar 2017	Guthabenzinsen		
28. November 2017	Einzahlung	3400,00 €	
01. Januar 2018	Guthabenzinsen		
15. April 2018	Einzahlung	2500,00 €	
01. Januar 2019	Guthabenzinsen		

2.3 Bankkredit (1)

Aufgabe 1: Frau Wagner hat bei ihrer Hausbank einen Kredit aufgenommen, den sie in jährlichen Raten zurückzahlt. Die Zahlung der Rate erfolgt dabei immer am letzten Tag des Jahres, sodass sie sich auf die Sollzinsen erst im neuen Jahr auswirkt. Berechne die leeren Felder.

Kreditaufnahme

Geliehener Betrag am 01.01.2014: 15 000 €

Jährliche Abzahlungsrate: 3 500 €

Zinssatz: 5 %

Datum	Sollzinsen	Jährliche Einzahlung	Restschuld am 31.12.
01.01.2014	750,00 €	3 500,00 €	12 250,00 €
01.01.2015		3 500,00 €	
01.01.2016		3 500,00 €	
01.01.2017		3 500,00 €	
01.01.2018		3 500,00 €	

Aufgabe 2: Verändere die Zahlen aus der Tabelle wie unten angegeben und berechne erneut die Restschuld am 01.01.2018 mit einem Tabellenkalkulationsprogramm.

a) Zinssatz: 6 %; jährliche Einmalzahlung: 3 500 €

b) Zinssatz: 5 %; jährliche Einmalzahlung: 2 500 €

c) Zinssatz: 8 %; jährliche Einmalzahlung: 4 000 €

d) Zinssatz: 6 %; jährliche Einmalzahlung: 4 000 €

e) Zinssatz: 4 %; jährliche Einmalzahlung: 3 000 €

f) Zinssatz: 6 %; jährliche Einmalzahlung: 3 000 €

2.4 Bankkredit (2)

Aufgabe 1: Familie Müller möchte sich ein neues Auto kaufen und findet folgende Angebote:

a) Begründe rechnerisch, für welches Angebot sich Familie Müller entscheiden sollte, wenn sie bar bezahlt.

b) Gib an, welches Angebot für Familie Müller besser wäre, wenn sie das Geld nicht sofort bezahlen können. Begründe deine Entscheidung.

c) Da Frau Müller schon 7 Jahre unfallfrei fährt, erhält sie von ihrer Versicherung einen Nachlass von 35 % und muss jährlich 540 Euro für ihre Vollkaskoversicherung zahlen. Berechne wie hoch die Kosten der Versicherung ohne den Rabatt wären.

d) Eine Faustregel besagt, dass ein Auto pro Jahr 10 % seines Restwertes verliert. Ermittle rechnerisch, wann das Auto von Familie Müller nur noch die Hälfte des ursprünglichen Geldes wert wäre.

Aufgabe 2: Familie Peter hat 62000 Euro gespart und möchte nun ein Reihenhaus kaufen. In einer Zeitungsannonce haben sie folgendes Angebot gefunden:

a) Berechne, wie viel Geld sich Familie Peter zusätzlich leihen muss, um sich ein Reihenhaus kaufen zu können.

b) Die Hausbank der Familie gewährt ihr einen Zinssatz von 6,5 %. Berechne die Zinsen, die im ersten Jahr anfallen.

Aufgabe 3: Familie Sauer möchte ein Haus zum Preis von 295000 € kaufen. Hierbei entstehen zusätzliche Kosten, die beim Kauf eines Hauses berücksichtigt werden müssen.

Kostenpunkte beim Hauskauf	
Kosten des Hauses	295000 €
Maklergebühr (5,95 %)	
Grunderwerbssteuer (6 %)	
Notar (2 %)	

Vervollständige die Tabelle und ermittle die Gesamtsumme des Kredits, der von Familie Sauer aufgenommen werden muss.

2.5 An der Börse (1)

Aufgabe 1: Recherchiere im Internet oder bei deinen Eltern was unter den Begriffen „Aktie“ und „DAX“ verstanden wird.

Aufgabe 2: Die unten aufgeführte Tabelle zeigt die besten 5 Handelstage im Jahr 2017, jeweils mit Veränderung gegenüber dem Vortag.

Datum	Schlusskurs in Punkten	Zunahme gegenüber dem Vortag
15.05.17	5062,45	518,14
28.05.17	4823,45	488,81
23.08.17	4554,23	426,93
02.09.17	3859,75	280,78
10.09.17	4715,88	334,41

a) Berechne, um wie viel Prozent sich der DAX gegenüber dem Vortag verändert hat.

b) Suche im Internet oder in der Zeitung die Schlusskurse des DAX aus der letzten Woche und beschreibe die Veränderung.

Aufgabe 3: In der Abbildung siehst du zwei beispielhafte Werte großer deutscher Unternehmen. Da sich Aktienkurse ständig ändern handelt es sich nicht um aktuelle Aktienwerte.

BMW

Grundkapital:	601995200 €
Wert der Aktie:	10 €

Siemens

Grundkapital:	2550000000 €
Wert der Aktie:	3 €

a) Gib an, welchen Anteil des Grundkapitals eine einzelne Aktie jeweils angibt. Runde sinnvoll.

b) Ermittle rechnerisch, wie viele Aktien es von jeder der aufgeführten Firmen gibt.

c) Berechne, wie viele Aktien man besitzen muss, um 1 %, 5 % oder 51 % des Grundkapitals zu besitzen.

2.6 An der Börse (2)

Aufgabe 1: Erkläre den Begriff „Dividende“.

Aufgabe 2: Die Abbildung zeigt die Dividende für eine Aktie über einen Zeitraum von zehn Jahren.

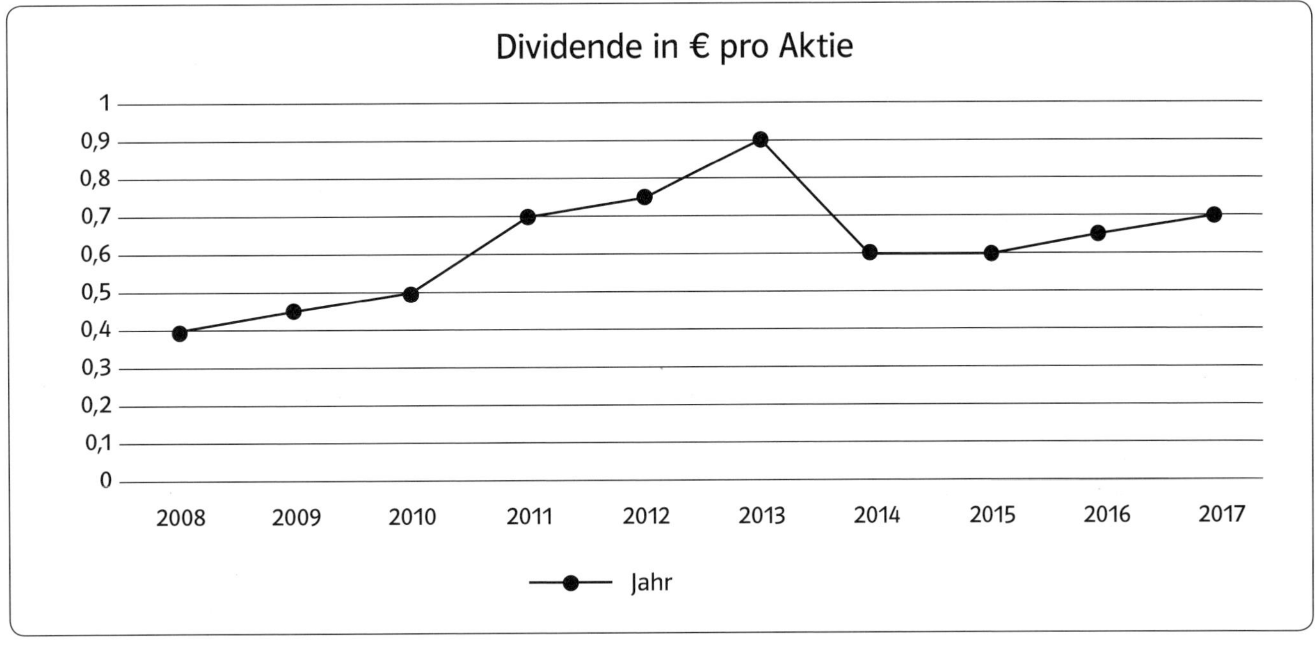

a) Beschreibe die Entwicklung der Dividende in den zehn Geschäftsjahren.

b) Berechne, wie viel Euro insgesamt an die Aktionäre ausgeschüttet wurde, wenn insgesamt 1 209 150 874 Aktien ausgegeben wurden.

Aufgabe 3: Die Abbildungen rechts stellen die Aktienkurse, also die Entwicklung der Aktie einer deutschen Firma zu verschiedenen Zeiträumen dar.

a) Beschreibe die drei Abbildungen und vergleiche sie miteinander.

b) Erläutere, warum unterschiedliche Zeiträume der gleichen Aktie dargestellt werden. Gib an, welche Grafik für welchen Zweck sinnvoll ist.

c) Recherchiere im Internet nach mindestens zwei Aktienkursen einer Firma und präsentiere die Ergebnisse deiner Klasse.

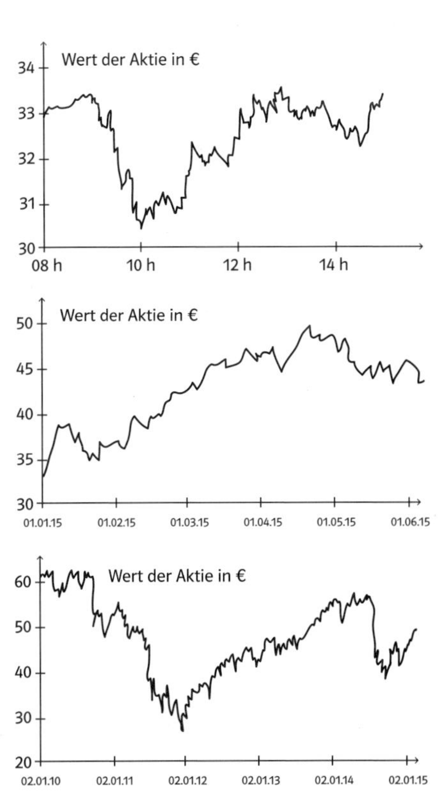

2.7 Kapitalanlagen (1)

Aufgabe 1: Bei der Bank gibt es verschiedene Möglichkeiten Geld anzulegen. Je nachdem, ob man sich für ein Girokonto, ein Tagesgeldkonto oder ein Festgeldkonto entscheidet, erhält man unterschiedliche Zinssätze.
Stell dir vor du legst 5 000 € an und erhältst die Zinsen am Ende des Jahres gutgeschrieben.

a) Berechne die Höhe der Zinsen nach einem Jahr für die einzelnen Anlagemöglichkeiten.

b) Ermittle, wie viel Zinsen du ausgezahlt bekommst, wenn du dein Geld 6 Monate (4 Monate, 100 Tage) anlegst.

Jugendgirokonto:
Täglich verfügbares Guthaben, Überweisung möglich, Zinssatz: 0,1 %
Tagesgeldkonto:
Täglich verfügbares Guthaben, keine Überweisung auf fremde Konten möglich, Zinssatz: 1,5 %
Feldgeldkonto:
Guthaben erst nach Ablauf einer Frist verfügbar, Mindestguthaben oftmals vorgeschrieben, Zinssatz: 2 %

Aufgabe 2: Auf einem Sparkonto werden zu Beginn eines jeden Monats 100 € eingezahlt. Der Zinssatz liegt bei 1,2 %.

Monat	**Jan.**	**Feb.**	**Mär.**	**April**	**Mai**	**Juni**	**Juli**	**Aug.**	**Sep.**	**Okt.**	**Nov.**	**Dez.**
Rate	100 €	100 €	100 €									
Monate	12	11	10	9								
Zinsen												

a) Übertrage die Tabelle in dein Heft und vervollständige sie, indem du die Zinsen für die einzelnen Raten berechnest.

b) Berechne, wie viel Zinsen man im gesamten Jahr für die Ratenzahlung erhält.

Aufgabe 3: Länderspezifisch ist es sehr unterschiedlich, wie die Zeit bei der Zinsrechnung berücksichtig wird.

	Der Monat wird mit 30 Tagen, das Jahr mit 360 Tagen berechnet.
	Die Monate werden mit ihren tatsächlichen Tagen berücksichtigt, das Jahr jedoch mit 360 Tagen berechnet.
	Es werden die tatsächlichen Tage berechnet, auch für das Jahr (also 365 Tagen bzw. 366 im Schaltjahr).

a) Welche Länder sind in der Grafik aufgezeigt?

b) Berechne für jedes Land die Zinsen, die in einem Schaltjahr bei einem Kapital von 10 000 € und einem Zinssatz von 5 % anfallen:

a. vom 01.03 bis 31.12   b. vom 30.01 bis 01.05   c. im gesamten Jahr

c) Wo würdest du dein Geld anlegen?

2.8 Kapitalanlagen (2)

Aufgabe 1:

a) Erkundige dich im Internet, bei einer Bank oder deinen Eltern über verschiedene Möglichkeiten Geld anzulegen.

b) Erkläre die nachfolgenden Begriffe.

Bundesschatzbrief | Aktien | Rentenfonds | Staatsanleihen

Aufgabe 2: Berechne den Zinssatz und die Jahreszinsen für das Festgeldkonto.

Jahresabrechnung Festgeldkonto
Dr. E. D. Inges
IBAN DE80 1000 0000 666 1976 00
01.01.: 2 500,00 €
31.12.: 2 550,00 €

Jahresabrechnung Festgeldkonto
Dr. D. Segni
IBAN DE75 2222 1000 4531 1891 00
01.01.: 13 450,00 €
31.12.: 13 685,38 €

Aufgabe 3: Kim hat ihr gespartes Geld zu Beginn des Jahres auf ein Sparbuch gebracht. Berechne, wie viele Zinsen ihr am Ende des Jahres bei einem Zinssatz von 2,2 % ausgezahlt werden, wenn sie 580 € angelegt hat.

Aufgabe 4: Jakob entscheidet sich für ein Festgeldkonto und legt 2 600 € dauerhaft an. Nach einem Jahr wurden ihm 126,80 € Zinsen ausgezahlt. Berechne, mit welchem Zinssatz das Geld verzinst wurde.

Aufgabe 5: Finn bekommt ein Tagesgeldkonto mit 3,2 % Zinsen im Jahr von seinen Eltern geschenkt. Berechne, wie viel Geld die Eltern angelegt haben, wenn Finn pro Jahr 125 € abheben kann.

2.9 Kapitalanlagen (3)

Aufgabe 1: Lilli möchte ihr Geld in Hohe von 1550 € für 4 Jahre anlegen. Sie hat hierfür zwei verschiedene Angebote der umliegenden Banken eingeholt.

Die Nidda-Bank *„Hier ist dein Geld gut aufgehoben."*	**Harber Sparkasse** *„Steigender Zinssatz – kein Risiko"*
Unser Sparklassiker • Spare ab dem 1. Cent. • Kein Mindestanlagebetrag • Keine feste Vertragslaufzeit • Fester Zinssatz von 2,5% • Zinsen werden mitverzinst.	**Unser Sparbriefklassiker** • Laufzeit 4 Jahre • Mindestanlagebetrag 1500 € • Variable Zinsen über die 4 Jahre 1. Jahr: 2,1 % 2. Jahr: 2,3 % 3. Jahr: 2,6 % 4. Jahr: 2,8 % • Zinsen werden mitverzinst.

a) Berechne, wie viel Geld Lilli nach vier Jahren bei den einzelnen Banken ausgezahlt bekommen würde.

b) Diskutiere mit deinem Nachbarn, unter welchen Bedingungen sich welches Angebot lohnt.

Aufgabe 2: Fehler bei den Banken?
Dennis und Manuel diskutieren über das nebenstehende Angebot. Dennis ist der Meinung, dass sich eine Bank verrechnet haben muss und beide Angebote gleich gut wären. Manuel hingegen ist der Meinung, dass sich beide Banken verrechnet haben.

Überprüfe die Angebote der Banken und nimm Stellung zu den Aussagen von Manuel und Dennis.

2.10 Dispokredit

Aufgabe 1: Erkläre, was unter dem Begriff „Dispo“ verstanden wird.

Aufgabe 2: Auf einem Girokonto schwanken die täglichen Kontostände sehr stark. Aus diesem Grund berechnet die Bank beim Überziehen des Kontos die Überziehungszinsen auch tagesgenau. Die Abbildung zeigt die Kontobewegung von Frau Stein im Monat April.

Kontoauszug
Letzter Kontoauszug: 31.03.2018

Sparhier Bank
Saldo alt: -3271,30€
Auszug Nr. 6

Datum	Buchung	Betrag
03.04.2018	Lohn April 2018	+1943,14
03.04.2018	Miete und Nebenkosten	-745,50
11.04.2018	EC-Automat Rheinallee	-250,00
18.04.2018	Auto Kreditbank	-350,00
28.04.2018	Fitness Zentrum	-79,90

Saldo neu: ___________

a) Berechne die Zinsen, die durch die Überziehung des Kontos im Monat April anfallen, wenn die Bank den Dispositionskredit mit 8,5 % verzinst.

b) Ermittle rechnerisch, welchen Betrag Frau Stein am Ende des Monats auf dem Konto ausgewiesen bekommt.

c) Erkläre, warum es sinnvoll ist, ein Konto ohne Dispolimit zu eröffnen.

Aufgabe 3: Ein Sportfahrrad ist einmalig um 30 % reduziert worden. Das Fahrrad kostete ursprünglich 700 €. Hannes möchte das Fahrrad unbedingt kaufen. Er hat 200 € auf seinem Konto und müsste sein Konto für das restliche Geld überziehen. Der Dispokredit hat einen Zinssatz von 15 %. Lohnt sich das Überziehen des Kontos für Hannes, oder sollte er weiter sparen und das Fahrrad später für 700 € kaufen?

3.1 Wasserversorgung

Aufgabe 1: Die Abbildung zeigt einen Ausschnitt aus dem Tarifblatt für eine Wasserversorgung.

Tarif für die Wasserversorgung	
Wasserpreis pro m³	2,50 €
Grundpreis monatlich für den Wasserzähler	3,25 €

a) Gib jeweils eine Funktionsgleichung an, mit der man die Gesamtkosten pro Monat und pro Jahr bestimmen kann.

b) Stelle die Gesamtkosten pro Jahr in einem Koordinatensystem dar. Wähle dabei einen Verbrauchsbereich von 0 m³ bis 100 m³.

c) Die Tabelle rechts zeigt die Zählerstände des aktuellen und des letzten Jahres. Berechne jeweils die Gesamtkosten. Die Nachkommastellen können für die Berechnung vernachlässigt werden.

	1	2
alter Zählerstand	541,123 m³ (x0,1; x0,01; x0,001; x0,0001)	12360,458 m³ (x0,1; x0,01; x0,001; x0,0001)
neuer Zählerstand	652,679 m³ (x0,1; x0,01; x0,001; x0,0001)	12845,321 m³ (x0,1; x0,01; x0,001; x0,0001)

Aufgabe 2:

a) Lies bei dir zuhause den Wasserstand ab.

b) Erfrage den Wasserverbrauch deiner Familie vom letzten Jahr.

Aufgabe 3: Im Haushalt lassen sich Kosten für Wasser, Strom und Gas mithilfe einer Funktionsgleichung beschreiben. Die Abbildungen zeigen die Wasserkosten von zwei Gemeinden in Abhängigkeit vom Verbrauch.

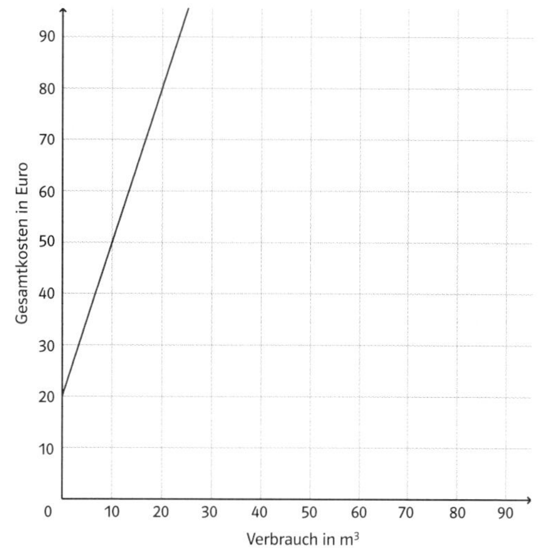

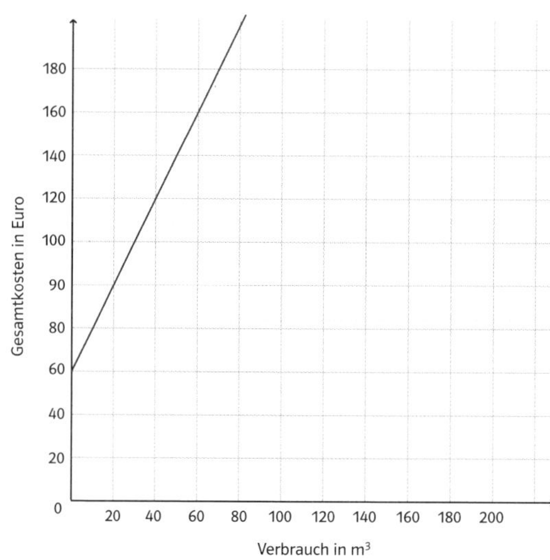

a) Lies die Grundgebühr ab.

b) Bestimme die Kosten für 1 m³ Wasser so genau wie möglich.

c) Stelle eine Funktionsgleichung zu den einzelnen Abbildungen auf. Bestimme die Kosten für den Verbrauch von 50 m³ (110 m³) rechnerisch und zeichnerisch bei beiden Gemeinden.

3.2 Zugfahrten

Aufgabe 1: Tim hat seine Zugfahrt grafisch festgehalten.

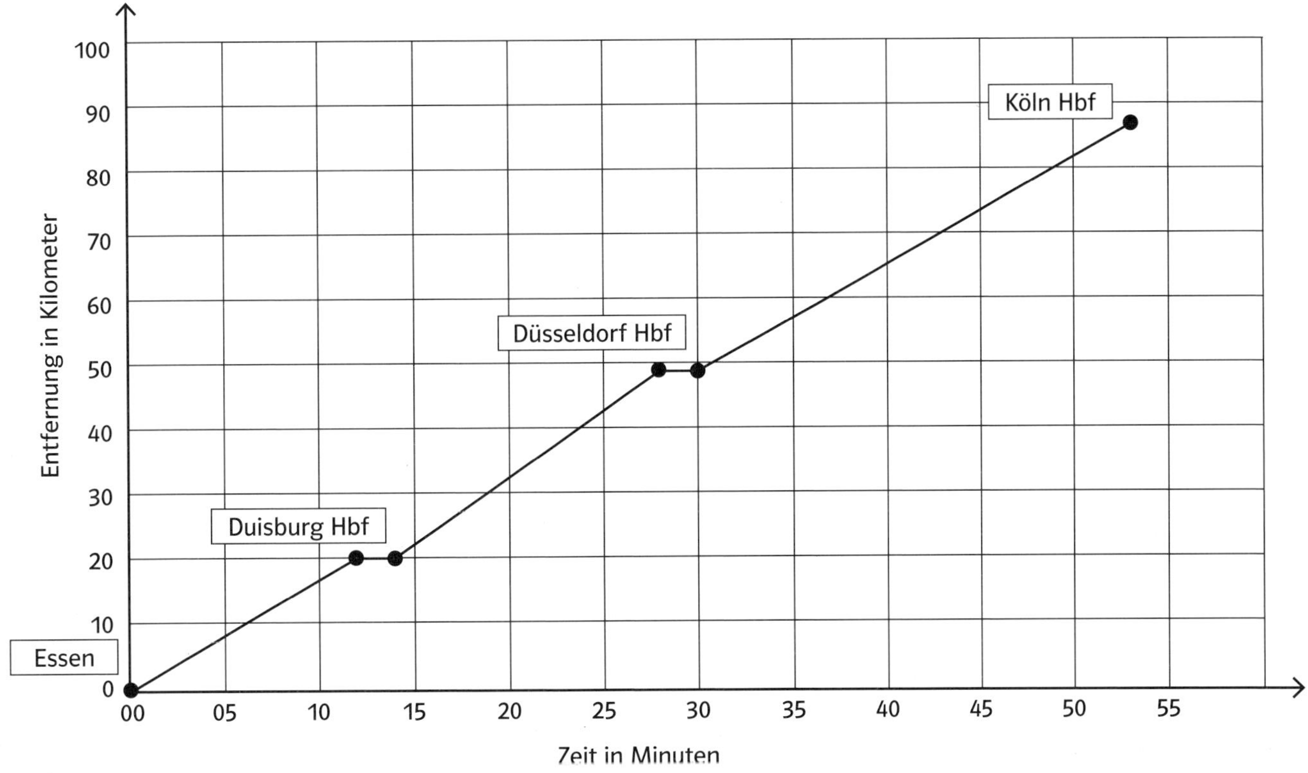

a) Beschreibe, was du dem Graphen entnehmen kannst.

b) Gib an, wie weit Köln und Essen voneinander entfernt sind.

c) Berechne die Durchschnittsgeschwindigkeit des Zuges von Essen nach Köln.

Aufgabe 2: Trage nachfolgende Geschichte in das Koordinatensystem ein.

Nils fährt mit dem Zug von Frankfurt nach Kassel. Der Zug hält nach 30 Minuten in Friedberg (30 km) und macht dort 15 Minuten Pause.

Anschließend fährt er nach Gießen (40 km) und kommt dort nach 45 Minuten an. Hier macht er 30 Minuten Pause.

Anschließend fährt der Zug direkt durch bis Kassel (130 km) und kommt dort nach weiteren 75 Minuten an.

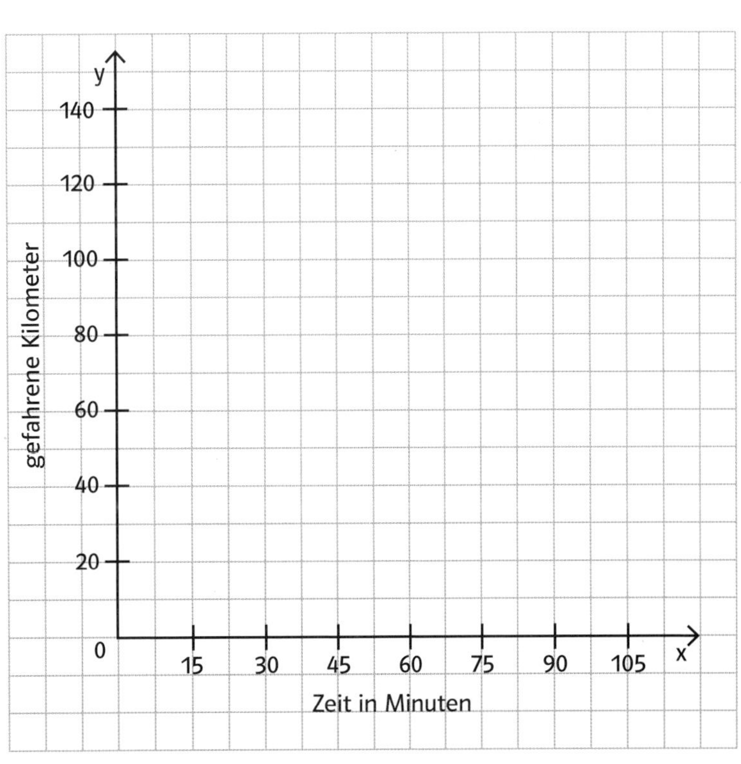

3.3 An der Tankstelle

Aufgabe 1: Markus hat sich ein neues Auto gekauft. Das Auto besitzt ein Tankvolumen von 55 Litern. Markus überlegt, wie viel er zukünftig im Monat für das Tanken ausgeben muss, wenn die Benzinpreise bei 1,50 €/l liegen.

a) Berechne, wie viel Markus für eine Tankfüllung zahlen muss.

b) Stelle eine Funktionsgleichung auf, mit der Markus berechnen kann, wie viel Geld er bei einer beliebigen Benzinmenge zahlen muss.

c) Stelle den Zusammenhang Tankmenge (in Litern) und Kosten (in Euro) grafisch dar.

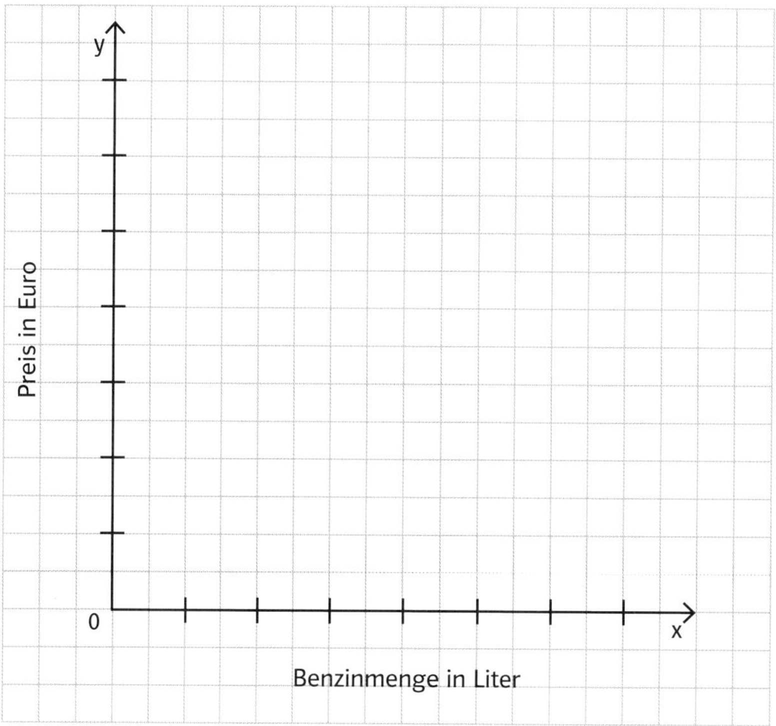

d) Entnimm deinem Koordinatensystem, wie viel Markus für 10, (15, 20 und 35) Liter bezahlen müsste und überprüfe deine Ergebnisse mithilfe deiner Funktionsgleichung.

e) Lese aus deinem Koordinatensystem ab, wie viel Benzin Markus für 10 € (20 €, 35 € und 40 €) erhält. Überprüfen deine Ergebnisse rechnerisch.

Aufgabe 2: Markus fährt fünfmal die Woche 35 Kilometer (einfache Strecke) zur Arbeit. Gehe bei deinen Berechnungen von 20 Arbeitstagen und einem durchschnittlichen Verbrauch von 6,5 Litern pro 100 gefahrenen Kilometern aus.

a) Berechne die monatlichen Benzinkosten, wenn er für 1,50 €/l Benzin Super tankt.

b) Ermittle die monatliche Ersparnis, wenn Markus Super E10 für 1,45 €/l tankt.

c) Gib die monatliche Ersparnis in Prozent an.

4.1 Fassadenarbeiten

Aufgabe 1: Die abgebildete Fassade soll neu verputzt werden. Das Verputzen von 1 m² Fassade kostet 50 € ohne MwSt. Berechne die Gesamtkosten für die Fassadenarbeiten.

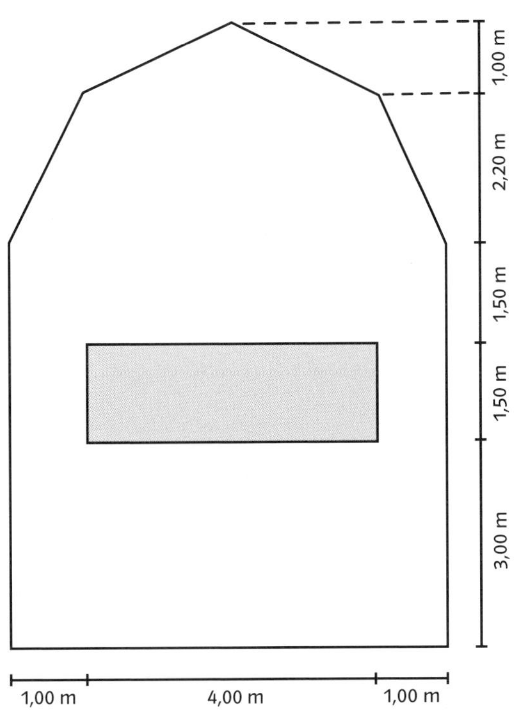

Aufgabe 2: Die grau schraffierte Fläche soll mit Softline-Profil verkleidet werden. 1 m² kostet im Baumarkt 6,48 € (inkl. MwSt.). Beim Verkleiden der Wand muss ein Verschnitt von 15 % einkalkuliert werden.

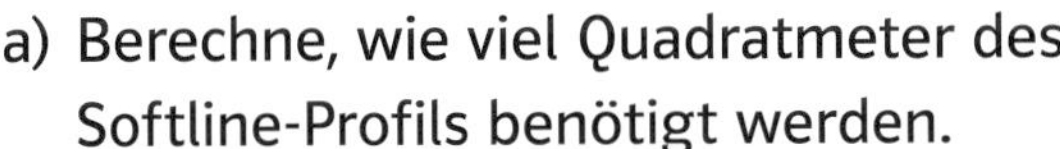

a) Berechne, wie viel Quadratmeter des Softline-Profils benötigt werden.

b) Runde dein Ergebnis auf volle Quadratmeter und berechne die Kosten.

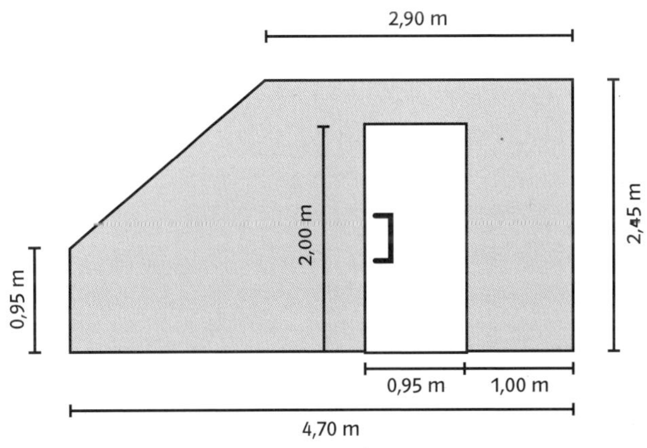

c) Alternativ kann die Wand gestrichen werden. Berechne, wie viel Liter Farbe nötig wären, wenn für 1 m² 0,5 Liter Farbe benötigt werden. Ein Liter Farbe kostet im Baumarkt 14,30 €.

d) Vergleiche die Kosten aus Aufgabenteil 2a) und 2c).

4.2 Mietpreise

Aufgabe 1: Die abgebildeten Wohnungen sollen vermietet werden. Berechne, wie viel der Vermieter für die Kaltmiete der einzelnen Wohnungen ansetzen darf, wenn der ortsübliche Quadratmeterpreis bei 8,00 € liegt.

a)

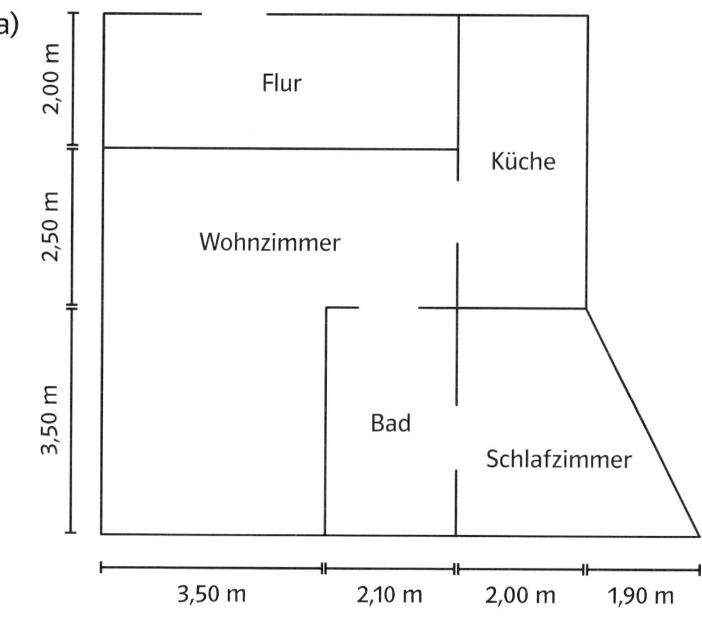

b)

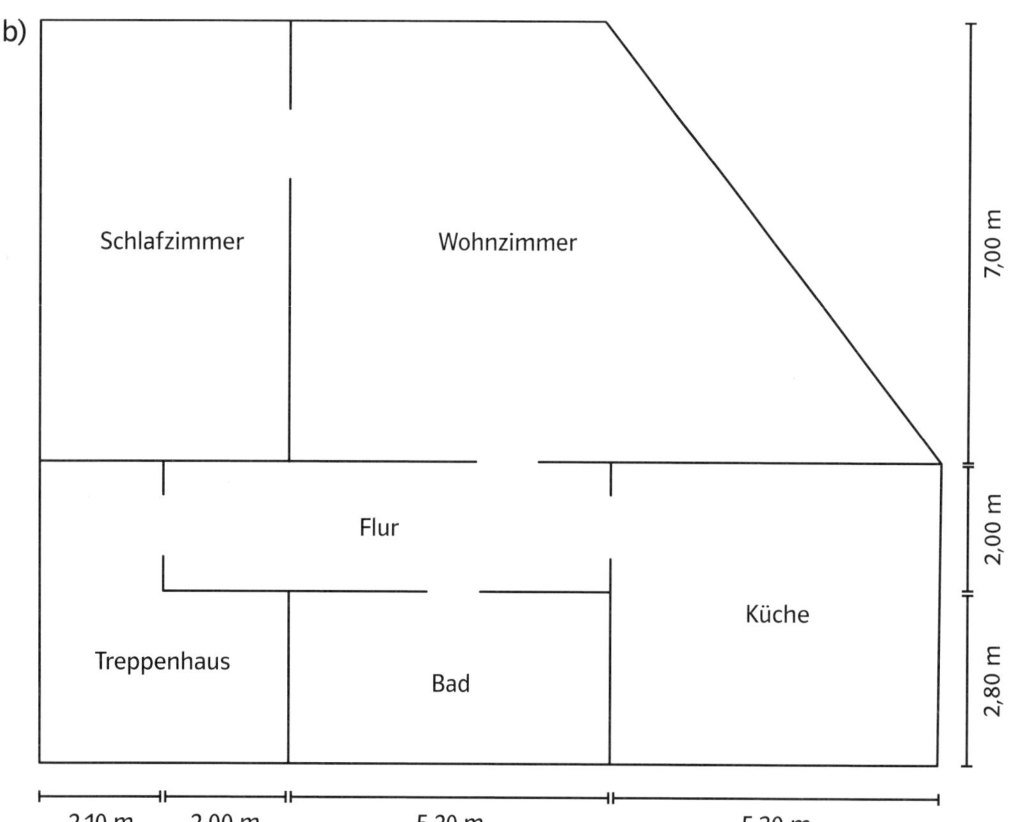

Aufgabe 2: Berechne die Gesamtkosten der Wohnung aus Aufgabenteil 1b), wenn die Nebenkosten 250 €, die Stromkosten 70 € und die Gaskosten 80 € betragen.

4.3 Mietwohnung

Aufgabe 1: In der nebenstehenden Abbildung ist der Grundriss einer Wohnung abgebildet.

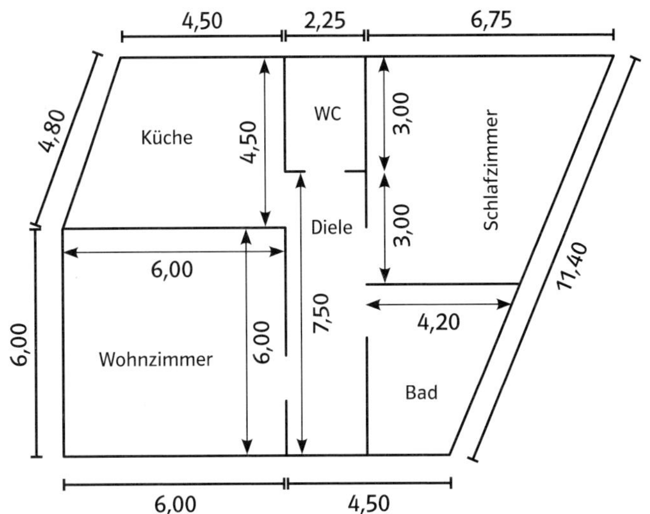

a) Gib an, in welcher Einheit die Maße angegeben werden.

b) Berechne die Größe der einzelnen Zimmer.

c) Ermittle rechnerisch, wie viel der Vermieter für die Wohnung ansetzen darf, wenn der ortsübliche Quadratmeterpreis bei 9,50 € liegt.

d) Berechne die Warmmiete der Wohnung, wenn die Nebenkosten 250 €, die Stromkosten 95 € und die Gaskosten 85 € betragen.

Aufgabe 2: Nimm an, dass die Kaltmiete der Wohnung 1400 € beträgt. Laut Mietspiegel sollte der Quadratmeterpreis zwischen 9 € und 10 € liegen. Überprüfe, ob die angesetzte Kaltmiete von 1400 € angemessen ist.

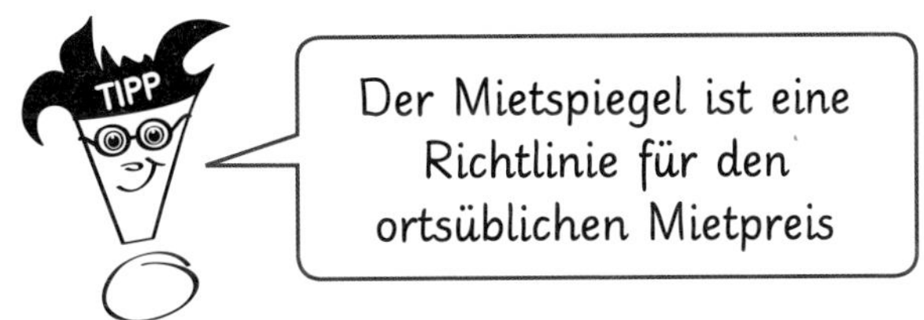

Aufgabe 3: Im Wohnzimmer soll ein neuer Boden verlegt werden. 1 m² Parkett kostet 23,50 €.

a) Berechne die Gesamtkosten für den Boden, wenn 9 % Verschnitt einkalkuliert werden müssen.

b) Nun sollen im Wohnzimmer zusätzlich Fußleisten gesetzt werden (Türbreite 1 m). 1 m Fußleiste kostet 4,49 €. Berechne die benötigte Menge an Fußleisten.

c) Berechne die Materialkosten für die Fußleisten.

d) Gib die Gesamtkosten für Parkett und Fußleisten an.

4.4 Rund ums Haus

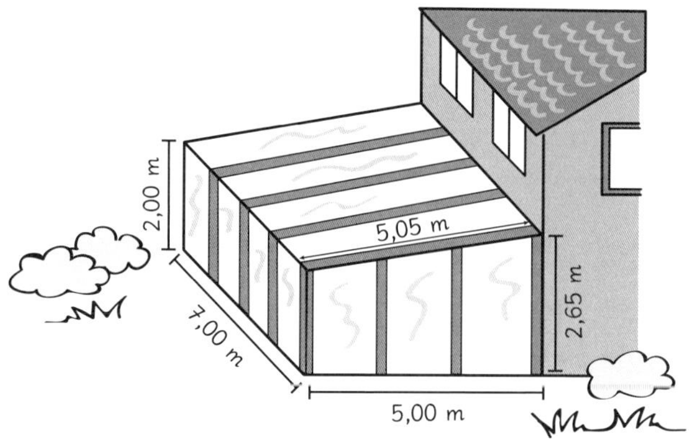

Aufgabe 1: Herr Martinez möchte das Dach seines Wintergartens erneuern. Berechne die Kosten für das Dach des Wintergartens, wenn 1 m² der Stegplatten 20,50 € kostet. Lasse bei deinen Berechnungen die Breite der Balken außer Acht.

Aufgabe 2: Herr Martinez hat sein neues Dach gedeckt. Er möchte jetzt die Frontfläche und die beiden Seitenflächen neu verglasen.

a) Berechne den Flächeninhalt der zu verglasenden Flächen des Wintergartens.

b) Er hat zwei Angebote einer Glaserei eingeholt: Begründe rechnerisch, für welches Angebot du dich entscheiden würdest.

c) Berechne die Gesamtkosten für die Arbeiten am Wintergarten (inkl. Dach), wenn Herr Martinez 2 % Skonto auf die Stegplatten erhält.

Aufgabe 3: Die Einfahrt und die Parkfläche des Hauses werden mit Rasengittersteinen ausgelegt. Die rechteckige Einfahrt ist 4 m lang und 8,5 m breit. Die beiden Parkplätze sind zusammen 30 m² groß. Ein Rasengitterstein deckt eine Fläche von 0,24 m² ab. Berechne wie viele Steine mindestens notwendig sind, um die Gesamtfläche mit Rasengittersteinen auszulegen.

Aufgabe 4: Die Giebelwand des Hauses soll neu gestrichen werden.

a) Berechne die Fläche der Giebelwand.

b) Ein Eimer Farbe reicht für eine Fläche von 60 m². Der Eimer Farbe kostet 4 €. Ermittle die Kosten für die benötigte Farbe, wenn man davon ausgeht, zweimal streichen zu müssen.

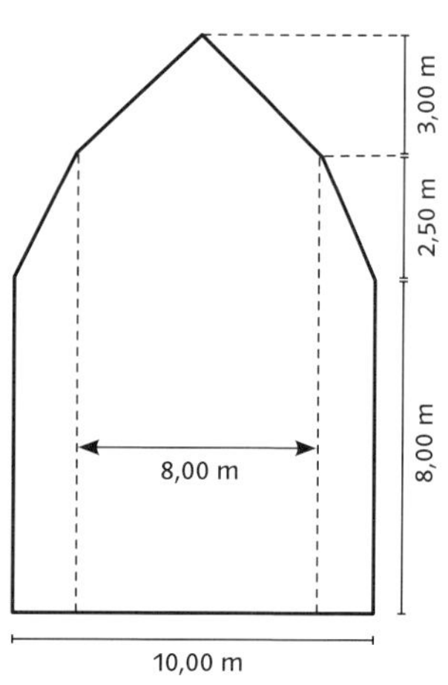

5.1 Schulfeier (1)

Aufgabe 1: Bei diesem Spiel werden zweimal hintereinander je eine Karte aus einem Skatblatt gezogen. Um das Spiel zu gewinnen, müssen zwei rote Karten gezogen werden.

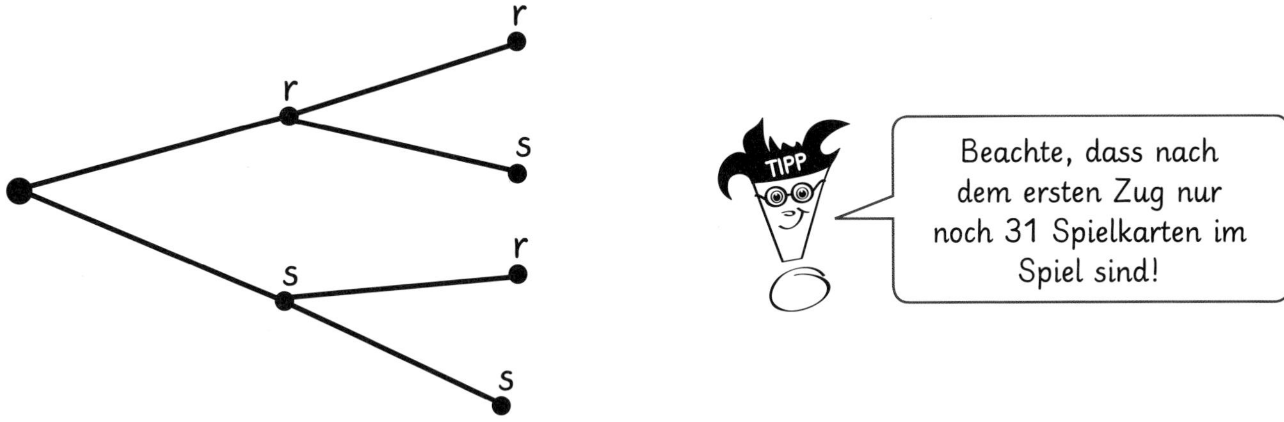

a) Notiere die einzelnen Gewinnchancen am Baumdiagramm.

b) Berechne die Gewinnchance für zwei rote Karten.

c) Bei einem zweiten Stand gewinnt die Person, die zwei rote Karten oder zwei schwarze Karten hintereinander zieht. Berechne die Gewinnchancen an diesem Stand.

Aufgabe 2: Bei einem weiteren Spiel wird dreimal hintereinander aus einem Skatblatt (ohne zurücklegen) gezogen. Man gewinnt einen Preis, wenn man dreimal hintereinander eine schwarze Karte gezogen hat.

a) Zeichne ein Baumdiagramm.

b) Notiere die einzelnen Gewinnchancen an den Ästen des Baumdiagramms.

c) Berechne die Gewinnchancen für das dreifache Ziehen einer schwarzen Karte.

Aufgabe 3: Kreuze die richtigen Aussagen an.

☐ Die Wahrscheinlichkeit, bei einem Skatblatt einen König zu ziehen, beträgt $\frac{4}{32}$ bzw. $\frac{1}{8}$.

☐ Die Wahrscheinlichkeit, bei einem Skatblatt eine 7, 8, 9, oder 10 zu ziehen, liegt bei $\frac{8}{32}$ bzw. $\frac{1}{4}$.

☐ Die Wahrscheinlichkeit, beim einmaligen Würfeln eine 2 oder 5 zu würfeln, liegt bei $\frac{2}{6}$ bzw. $\frac{1}{3}$.

5.2 Schulfeier (2)

Aufgabe 1: Eine Münze wird dreimal hintereinander geworfen. Gewonnen hat die Person, die dreimal hintereinander „Zahl" wirft.

a) Zeichne ein Baumdiagramm, das die verschiedenen Ausgänge des Spiels zeigt.

b) Berechne die Gewinnchance für dreimal „Zahl".

Aufgabe 2: Bei einem anderen Spiel wird zweimal hintereinander aus einem Skatblatt (ohne zurücklegen) gezogen. Gewonnen hat die Person, die zweimal ein Bild (Bube, Dame oder König) zieht.

a) Zeichne ein Baumdiagramm.

b) Notiere die einzelnen Gewinnchancen an den Ästen des Baumdiagramms. Beachte, dass nach dem ersten Zug nur noch 31 Karten im Spiel sind.

c) Berechne die Gewinnchance für das oben angeführte Spiel.

Aufgabe 3: Es wird zweimal hintereinander aus einem Skatblatt gezogen. Wer zweimal hintereinander ein Ass zieht (ohne zurücklegen), hat gewonnen.

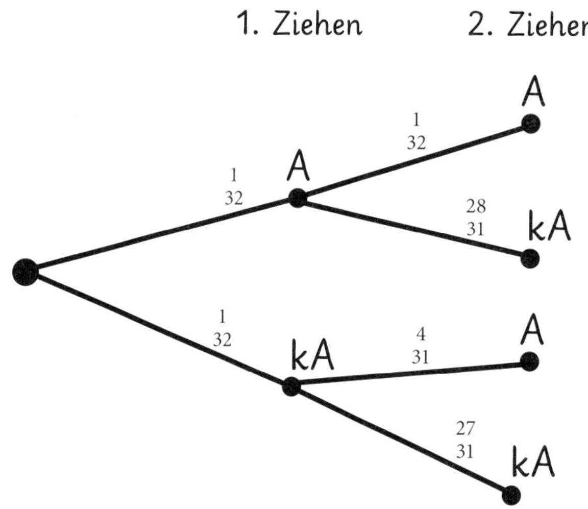

a) Gib die Fehler im Baumdiagramm an und korrigiere diese.

b) Berechne die Gewinnchance des Spiels.

5.3 Schulfeier (3)

Aufgabe 1: Auf dem Schulfest kauft Anja zweimal hintereinander ein Los. Im Lostopf liegen zunächst drei Gewinnlose und sieben Nieten. Zeichne ein Baumdiagramm und notiere die einzelnen Gewinnchancen an den jeweiligen Zweigen.

Aufgabe 2: Berechne Anjas Gewinnchancen mithilfe der Pfadregel für folgende Fälle:

a) Beide Lose sind Gewinne.

b) Das erste Los ist ein Gewinn, das zweite Los eine Niete.

c) Das erste Los ist eine Niete, das zweite Los ein Gewinn.

d) Beide Lose sind Nieten.

Aufgabe 3: Bei einem weiteren Spiel wird aus einem Skatblatt gezogen (ohne zurücklegen). Bestimme die Wahrscheinlichkeiten.

a) Eine rote Karte wird gezogen.

b) Eine Karokarte wird gezogen.

c) Ein Ass wird gezogen.

d) Eine rote Dame wird gezogen.

e) Eine schwarze Drei wird gezogen.

Aufgabe 4: Aus einem Behälter wird zweimal hintereinander eine Kugel gezogen und wieder zurückgelegt. Es gewinnt derjenige, der eine graue Kugel aus dem Behälter zieht.

a) Zeichne ein Baumdiagramm

b) Bestimme die Wahrscheinlichkeit für das Ziehen von mindestens einer grauen Kugel.

c) Gib die Wahrscheinlichkeit für das Ziehen einer grauen Kugel an, wenn die Kugeln nicht zurückgelegt werden.

5.4 Aus der Medizin

Aufgabe 1: Ein Schmerzmittel wirkt erfahrungsgemäß in 80 % aller Fälle. Ein Arzt verschreibt dieses Medikament zwei Patienten zum ersten Mal.

a) Zeichne ein Baumdiagramm.

b) Bestimme die Wahrscheinlichkeit, dass das Medikament bei genau zwei der Betroffenen eine Wirkung zeigt.

c) Berechne die Wahrscheinlichkeit, dass das Medikament bei keinem Patienten eine Wirkung zeigt.

d) Bestimme die Wahrscheinlichkeit, dass das Medikament bei mindestens einem Patienten eine Wirkung zeigt

Aufgabe 2: Vorsicht, denn nicht jeder Test ist korrekt.
Beim ELISA-Suchtest geht es darum, möglichst alle HIV-infizierten Menschen ausfindig zu machen. Dabei kalkuliert man ein, dass auch nicht infizierte Personen positiv getestet werden, obwohl diese völlig gesund sind. Bei einem Kontrolltest, der wesentlich teurer und aufwendiger ist, werden dann alle vermeidlich infizierten Menschen noch einmal getestet. Anhand der Vierfeldertafel siehst du die Verteilung der Ergebnisse, die aufgrund der Verteilung der HIV-Infizierten in Deutschland pro 1000000 Einwohner erwartet werden kann.

	HIV-infiziert	**Nicht HIV-infiziert**	**gesamt**
ELISA-Test positiv	999	1998	2997
ELISA-Test negativ	1	997002	997003
gesamt	1000	999000	1000000

a) Bestimme den Prozentsatz an HIV-Infizierten, der in Deutschland erwartet wird.

b) Berechne die Wahrscheinlichkeit mit der eine HIV-infizierte Person negativ getestet wird.

c) Beurteile den Test, indem du die Wahrscheinlichkeit bestimmst, mit der eine positiv getestete Person tatsächlich infiziert ist.

5.5 Wahrscheinlichkeiten im Alltag

Aufgabe 1: An einem Flughafen trägt etwa jeder hundertste Passagier verbotene Drogen bei sich. Hierfür setzt die Polizei Spürhunde ein, die die Drogen ausfindig machen. Die Spürhunde erkennen die Schmuggler mit 99%-iger Wahrscheinlichkeit. In 5 % aller Fälle schlagen die Hunde bei Passagieren an, die keinerlei Drogen mit sich führen.

a) Gib den Prozentsatz an, mit der ein Spürhund bei einem Passagier anschlägt, der tatsächlich Drogen bei sich hat.

b) Berechne, bei wie viel Prozent der Passagiere, die keine Drogen bei sich haben, der Spürhund anschlägt.

c) Mit welcher Wahrscheinlichkeit wird ein Passagier mit Drogen von dem Spürhund nicht erkannt?

Aufgabe 2: In einer Firma werden USB-Sticks hergestellt. Erfahrungsgemäß sind 2 % aller produzierten Sticks fehlerhaft. 90 % der fehlerhaften Sticks werden bei einem Test erkannt, jedoch werden auch 5 % der funktionsfähigen Sticks fälschlicherweise aussortiert.

a) Zeichne ein Baumdiagramm zu dem Sachverhalt.

b) Ermittle die Wahrscheinlichkeit, mit der ein USB-Stick aussortiert wird.

c) Bestimme die Wahrscheinlichkeit für einen Sortierfehler durch den Test.

d) Nimm an, dass die Firma pro Monat 12 000 USB-Sticks produziert. Wie viele funktionierende Sticks werden pro Monat fälschlicherweise entsorgt?

Aufgabe 3: Bei einem Einstellungstest, an dem 250 Personen teilnehmen, werden Kopfrechnen (K) und logisches Denken (D) geprüft. Besteht ein Prüfling beide Teile, wird er anschließend zu einem Vorstellungsgespräch eingeladen.

	D	$\overline{\mathbf{D}}$	**gesamt**
K			0,20
$\overline{\mathbf{K}}$	0,56		
gesamt		0,36	

a) Vervollständige die Vierfeldertafel.

b) Ermittle die Anzahl der Personen, die zum Vorstellungsgespräch eingeladen wurden.

c) Ermittle die Anzahl der Personen, die nur einen Testteil bestanden haben.

5.6 Verkehrsampeln

Aufgabe 1: Auf der Lahntalstraße gibt es zwei Ampeln. Phillips Mutter ärgert sich, da es ihrer Meinung nach auf der Lahntalstraße selten vorkommt, dass beide Ampeln grün sind. Phillip möchte diese Aussage überprüfen. Mit der Stoppuhr stellt er fest, dass die Grünphase bei beiden Ampeln 80 Sekunden und die Rotphase 120 andauert. Die gelbe und die rot-gelbe Phase vernachlässigt Phillip, da diese nicht lange andauern.

a) Bestimme die Wahrscheinlichkeit, mit der die Ampel grün zeigt.

b) Erkläre, wie du die Wahrscheinlichkeit für die Grünphase berechnet hast.

c) Erstelle ein Baumdiagramm aus dem die verschiedenen Möglichkeiten der Ampelphasen und deren Wahrscheinlichkeit hervorgehen.

d) Berechne die Wahrscheinlichkeit für zweimal grün bzw. zweimal rot.

Aufgabe 2: Phillips Mutter ist in diesem Jahr sicher schon 100-mal die Lahntalstraße entlanggefahren.

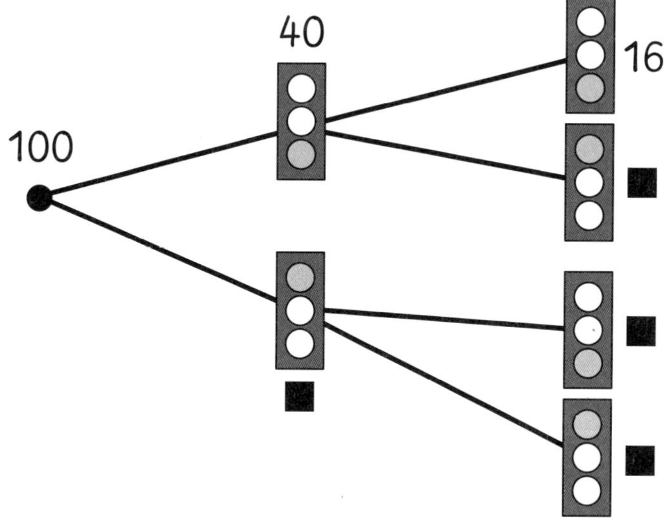

a) Erkläre, was die Zahlen in dem Baumdiagramm bedeuten.

b) Ergänze die fehlenden Zahlen am Baumdiagramm.

c) Erläutere, ob die Zahlen die Behauptung von Phillips Mutter bestätigen.

Aufgabe 3: Herr Peter muss bei seinem Weg auf die Arbeit zwei Verkehrsampeln passieren. Mit einer Wahrscheinlichkeit von 50 % zeigt jede dieser Ampeln eine Grünphase an. Herr Peter behauptet deshalb, dass eine Ampel zu 100 % grün zeigt.

a) Bewerte diese Aussage.

b) Gib an, mit welcher Wahrscheinlichkeit mindestens eine Ampel grün hat.

Lösungen

Klasse 7

1. Flächenberechnung

1.1 Dachgeschoss — Seite 6

Aufgabe 1:

a) Bad: 3 m · 7 m = 21 m²; Kind 1 & Kind 2: 4 m · 4 m · 2 = 32 m²; Eltern: 4,2 m · 3 m + $\frac{4{,}2\text{ m} \cdot 4\text{ m}}{2}$ = 21 m²;
Flur: 3 m · 8 m = 24 m²; Gesamt: 21 m² + 32 m³ + 21 m² + 24 m² = 98 m²
Verschnitt: 98 m² · 1,09 = 106,82 m²

b) 106,82 m² · 150 €/m² = 16 023 €

c) 106,82 m² · 79,90 €/m² = 8 534,92 €; Ersparnis: 16 023 € – 8 534,92 € = 7 488,08 €

d) $\frac{8\,534{,}95\text{ €}}{16\,023\text{ €}}$ = 0,53. Es würden 47 % gespart werden.

Aufgabe 2:

Flur: 8 m + 3 m + 8 m + 3 m – 4 m – 4 m ((Treppe) = 14 m
Kinderzimmer: (4 m · 4 · 2) – 2 m = 30 m
Gesamt: 14 m + 30 m = 44 m

Aufgabe 3:

a) 21 m² · 12,70 €/m² = 266,70 €
Verschnitt: 266,70 € · 1,07 = 285,37 €

b) 98 m² – 21 m² = 77 m² · 1,09 = 83,9 m²
84 m² · 79,90 €/m² = 6 711,60 €

c) 6 711,60 € + 285,37 € = 6 996,97 €

1.2 Baugebiet (1) — Seite 7

Aufgabe 1:

Bauplatz I: (35 m + 19 m) · 22 m : 2 = 594 m²
Bauplatz II: 22 m · 25 m = 550 m²
Bauplatz III: 22 m · 18 m = 396 m²
Bauplatz IV: (4 m + 32 m) · 24 m : 2 = 432 m²
Bauplatz V: 24 m · 22 m = 528 m²
Bauplatz VI: (12 m + 24 m) · 24 m : 2 = 432 m²

Aufgabe 2: Gesamtes Baugebiet = 594 m² + 550 m² + 396 m² + 432 m² + 528 m² + 432 m² = 2 932 m²

Bauplatz I: 594 m² : 2 932 m² · 850 000 € = 172 203,27 € (20,26 %)
Bauplatz II: 550 m² : 2 932 m² · 850 000 € = 159 447,48 € (18,76 %)
Bauplatz III: 396 m² : 2 932 m² · 850 000 € = 114 802,18 € (13,51 %)
Bauplatz IV: 432 m² : 2 932 m² · 850 000 € = 125 238,74 € (14,73 %)
Bauplatz V: 528 m² : 2 932 m² · 850 000 € = 153 069,58 € (18,01 %)
Bauplatz VI: 432 m² : 2 932 m² · 850 000 € = 125 238,74 € (14,73 %)

Aufgabe 3:

a) Kosten für die bauliche Erschließung eines Grundstücks, d. h. im Wesentlichen öffentliche Abgaben für die Erstanlage einer Straße, für den Erstanschluss an eine gemeindliche Kanalisation oder Gas- und Stromversorgung.

b) Die Größe des Bauplatzes bestimmt die Größe und die Menge der in a) erklärten Posten und somit den Preis.

Lösungen

1.3 Baugebiet (2) — Seite 8

Aufgabe 1:

Bauplatz I: $(5\ m \cdot 26\ m) : 2 + (10\ m \cdot 26\ m) = 325\ m^2$

Bauplatz II: $25\ m \cdot 26\ m = 650\ m^2$

Bauplatz III: $21\ m \cdot 24\ m + 18\ m \cdot 9\ m = 666\ m^2$

Bauplatz IV: $20\ m \cdot 18\ m = 360\ m^2$

Bauplatz V: $25\ m \cdot 18\ m = 450\ m^2$

Bauplatz VI: $20\ m \cdot 28\ m = 560\ m^2$

Bauplatz VII: $\frac{(25\ m + 15\ m) \cdot 28\ m}{2} = 560\ m^2$

Bauplatz VIII: $45\ m \cdot 12\ m = 540\ m^2$

Aufgabe 2: Gesamtfläche: $325\ m^2 + 650\ m^2 + 666\ m^2 + 360\ m^2 + 450\ m^2 + 560\ m^2 + 560\ m^2 + 540\ m^2 = 4111\ m^2$

Bauplatz I:	$\frac{325\ m^2}{4111\ m^2} = 0{,}079 \triangleq 7{,}9\ \%$	Kosten: $1256000\ € \cdot 0{,}079 = 99224\ €$
Bauplatz II:	$\frac{650\ m^2}{4111\ m^2} = 0{,}158 \triangleq 15{,}8\ \%$	Kosten: $1256000\ € \cdot 0{,}158 = 198448\ €$
Bauplatz III:	$\frac{666\ m^2}{4111\ m^2} = 0{,}162 \triangleq 16{,}2\ \%$	Kosten: $1256000\ € \cdot 0{,}162 = 203472\ €$
Bauplatz IV:	$\frac{360\ m^2}{4111\ m^2} = 0{,}088 \triangleq 8{,}8\ \%$	Kosten: $1256000\ € \cdot 0{,}088 = 110528\ €$
Bauplatz V:	$\frac{450\ m^2}{4111\ m^2} = 0{,}109 \triangleq 10{,}9\ \%$	Kosten: $1256000\ € \cdot 0{,}109 = 136904\ €$
Bauplatz VI:	$\frac{560\ m^2}{4111\ m^2} = 0{,}136 \triangleq 13{,}6\ \%$	Kosten: $1256000\ € \cdot 0{,}136 = 170816\ €$
Bauplatz VII:	$\frac{560\ m^2}{4111\ m^2} = 0{,}136 \triangleq 13{,}6\ \%$	Kosten: $1256000\ € \cdot 0{,}136 = 170816\ €$
Bauplatz VIII:	$\frac{540\ m^2}{4111\ m^2} = 0{,}131 \triangleq 13{,}1\ \%$	Kosten: $1256000\ € \cdot 0{,}131 = 164536\ €$

1.4 Pariser Louvre — Seite 9

Aufgabe 1:

a) $\frac{35\ m \cdot 27{,}8\ m}{2} \cdot 4 = 1946\ m^2$

Aufgabe 2: $1946\ m^2 : 600 = 3{,}24\ m^2$

Aufgabe 3:

a) $3{,}24\ m^2 \cdot 92\ kg/m^2 = 298{,}08\ kg$

b) $298{,}08\ kg \cdot 600 = 178848\ kg$

Aufgabe 4: $1946\ m^2 \cdot 110\ €/m^2 = 214060\ €$

Aufgabe 5:

a) $\frac{9{,}02\ m \cdot 4{,}93\ m}{2} \cdot 4 = 88{,}94 m^2$

b) $88{,}94\ m^2 \cdot 92\ kg/m^2 = 8182{,}48\ kg$

c) $88{,}94\ m^2 \cdot 110\ €/m^2 = 9783{,}40\ €$

1.5 Dachgiebel — Seite 10

Aufgabe 1:

a) $\frac{140\ cm \cdot 90\ cm}{2} = 6300\ cm^2$

b) Kosten: $6300\ cm^2 = 63\ dm^2 = 0{,}63\ m^2$
$0{,}63\ m^2 \cdot 80\ €/m^2 \cdot 1{,}19 + 60\ € = 119{,}98\ €$

Aufgabe 2:

$((1{,}50\ m \cdot 2{,}20\ m) + (1{,}10\ m \cdot 2{,}20\ m)) \cdot 65\ €/m^2 = 371{,}80\ €$

Aufgabe 3:

a) $3{,}70\ m - 2{,}20\ m = 1{,}5\ m$
$1{,}50\ m \cdot 1{,}50\ m : 2 = 1{,}125\ m^2$
$1{,}125\ m^2 \cdot 10{,}20\ €/m^2 = 11{,}48\ €$

b) $11{,}48\ € + 371{,}80\ € = 383{,}28\ €$

c) $6{,}845\ m^2 \cdot 65\ €/m^2 = 444{,}93\ €$
$444{,}93\ € - 383{,}28\ € = 61{,}65\ €$

d) $61{,}65\ € : 383{,}28\ € = 16{,}1\ \%$

Lösungen

1.6 Finnhütten — Seite 11

Aufgabe 1:

a) 4,80 m · 8,35 m · 0,80 m · 150 €/m³ = 4 809,60 €

Aufgabe 2:

a) Fläche Vorder- und Rückseite ohne Abzüge: $\frac{4{,}8\text{ m} \cdot 5{,}6\text{ m}}{2} \cdot 2 = 26{,}88\text{ m}^2$

Glasfläche: $\frac{(1{,}9\text{ m} + 1\text{ m}) \cdot 2{,}1\text{ m}}{2} + 1{,}3\text{ m} \cdot 2{,}25\text{ m} + \frac{1{,}6\text{ m} \cdot 1{,}85\text{ m}}{2} = 7{,}45\text{ m}^2$

Tür: $1{,}05\text{ m} \cdot 2{,}10\text{ m} = 2{,}21\text{ m}^2$

Gesamtholzfläche: $26{,}88\text{ m}^2 - 7{,}45\text{ m}^2 - 2{,}21\text{ m}^2 = 17{,}22\text{ m}^2$ $17{,}22\text{ m}^2 \cdot 8{,}70\text{ €/m}^2 = 149{,}81$ €

b) Glasfläche $7{,}45\text{ m}^2 \cdot 85\text{ €/m}^2 = 633{,}25$ €

c) $2{,}10\text{ m} \cdot 1{,}05\text{ m} = 2{,}21\text{ m}^2$ 1 Farbeimer: 38,50 €

Aufgabe 3:

Dachziegel: $8{,}35\text{ m} \cdot 6{,}09\text{ m} = 50{,}85\text{ m}^2$
Fensterglas: $2{,}2\text{ m} \cdot 2{,}28\text{ m} + 0{,}9\text{ m} \cdot 1{,}6\text{ m} \cdot 2 = 7{,}9\text{ m}^2$
benötigte Menge Dachziegel: $50{,}85\text{ m}^2 - 7{,}9\text{ m}^2 = 42{,}95\text{ m}^2$
Kosten: $(42{,}95\text{ m}^2 + 50{,}85\text{ m}^2) \cdot 21{,}90\text{ €/m}^2 + 7{,}9\text{ m}^2 \cdot 85\text{ €/m}^2 = 2\,725{,}72$ €

Aufgabe 4: 4 809,60 € + 149,81 € + 633,25 € + 2 725,72 € + 38,50 € = 8 356,88 €

Aufgabe 5: 8 356,88 € · 0,02 = 167,14 €

2. Zuordnungen

2.1 Klassenparty — Seite 12

Aufgabe 1:

Anzahl Schüler	Anzahl Colaflaschen	Anzahl Limoflaschen	Anzahl Würstchen
24	48	30	42
4	8	5	7
28	56	35	49

Aufgabe 2: Weil jeder Schüler unterschiedliche Mengen verzehrt.

Aufgabe 3: 26 Kisten Wasser, 39 Kisten Limonade, 700 Würstchen

2.2 Pegelstände — Seite 13

Aufgabe 1:

a) Die Wasserstandzunahme bzw. -abnahme in einem Zeitraum von 2 Wochen.

b) Am 01.11. und am 02.11.

c) Der Wasserstand fiel ab dem 09.11.

d) 420 cm

Aufgabe 2:

a) Hochwassergefahr für Anwohner und der Pegelstand ist für die Schifffahrt wichtig, damit sie nicht auf Grund laufen.

b) 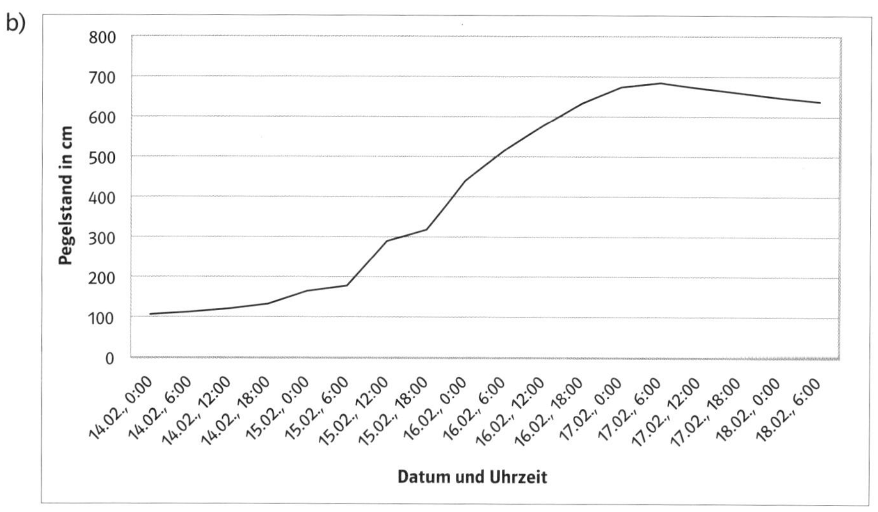

c) Die Aussage des Senders ist falsch, da das Wasser am 16.02 nach 17 Uhr weiter anstieg und den Höchstwert von 685 cm am 17.02. erreichte.

d) *individuelle Antwort*

Aufgabe 3: Wahlen, Umfragen, Wetter, Aktienkurse …

2.3 Rezepte — Seite 14

Aufgabe 1:

a) 4 Päckchen

Gelierzucker	Kirschen
1 Päckchen	750 g
$\frac{1}{3}$ Päckchen	250 g
$3\frac{1}{3}$ Päckchen	2500 g

Gelierzucker	Kirschen
500 g	750 g
33,3 g	50 g
1666,7 g	2500 g

b) 600 g Gelierzucker und 900 g Kirschen

Aufgabe 2:

a) Faktor 3,75; also 562,5 g Reis, 7,5 Paprika, 3,75 Dosen Mais, 15 Gewürzgurken, 150 g Sahne, 750 g Mayonnaise

b) Indem sie die Ausgangsmenge mit dem Faktor 3, 4 … multiplizieren.

Aufgabe 3:

a) Faktor 6,25; also 1,563 kg Mehl, 6,25 Pck. Backpulver, 6,25 TL Salz, 781 g Quark, 25 EL Milch, 25 EL Öl, 6,25 Eier

b) 1,5 kg Mehl, 6 Pck. Backpulver, 1 (kleine) Packung Salz, 750 g Quark, 1 Tüte Milch, 1 Flasche Öl, 6 Eier.

c) *Individuelle Ergebnisse.*

Aufgabe 4: *Individuelle Rechercheergebnisse*

2.4 Preise vergleichen: neu — Seite 15

Aufgabe 1: Man sollte sich für das 800-g-Glas entscheiden, da es im Vergleich günstiger ist.

100 g kosten im 800-g-Glas:0,39857 €
100 g kosten im 500-g-Glas: 0,458 €

Aufgabe 2:

a) Es fällt auf, dass die kleine Packung Müsli im Mengenvergleich teurer ist.

b) Kleinere Packungen verbrauchen für den gleichen Inhalt in der Summe mehr Verpackungsmaterial. Außerdem ist es für Unternehmen profitabler, größere Mengen zu verkaufen. Auch die Transportkosten kleinerer Verpackungen sind im Verhältnis zu großen Packungen teurer, da kleine Verpackungen in der Summe mehr Platz einnehmen.

Aufgabe 3:

a) Die Aktionspackung ist im Mengenvergleich teurer.

b) Um herauszufinden, welches Produkt günstiger ist, muss der Preis/100 g verglichen werden.

b) Alles unter 4,95 € wäre ein wirkliches Angebot.

2.5 Obst- und Gemüsetheke — Seite 16

Aufgabe 1:

a) den Preis des Produkts pro 1 kg, das Nettogewicht des Produktes, den Gesamtpreis, den Produktnamen, das Datum, an dem die Waren verpackt wurde und den Barcode

b) Nettogewicht = reines Gewicht nach Abzug der Verpackung

c) über Dreisatzrechnung

Aufgabe 2: 3,25 kg · 1,59 €/kg = 5,17 €

Aufgabe 3: Die Waagen runden, wie man z. B. bei den Aprikosen (1,568 kg · 4,99 €/kg = 7,82432 €) erkennen kann, nach den bekannten Rundungsregeln.

Aufgabe 4: Granny Smith: 0,528 kg · 1,59 €/kg = 0,84 €
Kirschen: 1,164 kg · 4,99 €/kg = 5,81 €
Bananen: 1,236 kg · 1,59 €/kg = 1,97 €

3. Prozentrechnung

3.1 Haushaltskalender — Seite 17

Aufgabe 1:

Summe Einnahmen: 1950 € + 580 € + 194 € = 2724 €
Summe Ausgaben: 650 € + 85 € + 80 € + 40 € + 400 € + 250 € + 70 € + 55 € + 200 € + 100 € + 200 € = 2130 €
Einnahmen – Ausgaben = 2724 € – 2130 € = 594 €

Aufgabe 2:

a) $\frac{650\text{ €}}{2130\text{ €}} = 0{,}31 \mathrel{\hat{=}} 31\,\%$

b) $\frac{580\text{ €}}{2724\text{ €}} = 0{,}21 \mathrel{\hat{=}} 21\,\%$

c) Einnahmen – Ausgaben = 2144 € – 2130 € = 14 €

d) Es können immer unvorhergesehene Kosten für diverse Rechnungen, z. B. eine defekte Waschmaschine entstehen, für die man Rücklagen bilden sollte.

Lösungen

3.2 Urlaubsplanung — Seite 18

Aufgabe 1: 834 € · 2 = 1668 €

Aufgabe 2:

a) 939 € · 2 = 1878 €

b) $\frac{1878\ €}{1668\ €} = 1{,}125 \triangleq 112{,}5\ \%$ Antwort: Die Kosten steigen um 12,5 %.

c) 1219 € · 2 = 2438 €

d) $\frac{2438\ €}{1668\ €} = 1{,}46 \triangleq 146\ \%$ Antwort: Die Kosten steigen um 46 %.

e) Die Flugkosten bestimmen einen Teil der Reisekosten. Diese Kosten sind in der Regel unabhängig von der Reisedauer.

3.3 Ernährung: — Seite 19

Aufgabe 1:

a) *individuelle Lösung*

b) Cola: 10,6 g · 2,5 = 26,5 g
Zitronenlimonade: 9,1 g · 2,5 = 22,75 g
Orangenlimonade: 11 g · 2,5 = 27,5 g
Apfelsaft: 11,3 g · 2,5 = 28,25 g

c) Cola: 106 g ≙ 36 Zuckerwürfeln
Zitronenlimonade: 91 g ≙ 31 Zuckerwürfeln
Apfelsaft: 113 g ≙ 38 Zuckerwürfeln
Orangenlimonade: 110 g ≙ 37 Zuckerwürfeln
Wasser: 0 g ≙ 0 Zuckerwürfeln

Aufgabe 2: Gummibärchen 46 g, Schokolade: 54 g, Marmorkuchen: 55 g

Aufgabe 3: *individuelle Antwort*

3.4 Abonnement — Seite 20

Aufgabe 1: Rechnung exemplarisch für alle weiteren Rechnungen dieser Aufgabe:

17 · 37,50 – 530 € = 107,50 € (Ersparnis beim Kauf einer Dauerkarte)

$\frac{107{,}50\ €}{637{,}50\ €} = 0{,}1686 \triangleq 16{,}86\ \%$

Antwort: Beim Kauf einer Dauerkarte spart man 107,50 €, dies entspricht 16,9 %.

Zentraltribüne	107,50 €	16,86 %
Haupttribüne	99,50 €	17,47 %
Vortribüne Mitte	77,00 €	21,57 %
Seitentribüne	78,50 €	18,11 %
Vortribüne Seite	56,00 €	18,30 %
Ostgerade	31,00 €	14,03 %
Ostgerade ermäßigt	21,00 €	15,44 %
Nord	33,50 €	18,77 %
Nord ermäßigt	19,00 €	15,97 %
Nord Vereinsmitglied	–	–
Süd	33,50 €	18,77 %
Süd ermäßigt	19,00 €	15,97 %
Süd Vereinsmitglied	–	–

Aufgabe 2:

a) 8,20 € · 36 = 295,20 € 295,20 € · 0,05 = 14,76 €
Kosten für die Dauerkarte: 295,20 € – 14,76 € = 280,44 €

b) Ersparnis: 14,76 €

Aufgabe 3: 4,20 € · 20 = 84 € 84 € – 71,40 € = 12,60 € $\frac{12{,}60\ €}{84\ €} = 0{,}15 \triangleq 15\ \%$

Lösungen

3.5 Autokauf — Seite 21

Aufgabe 1:

a) Angebot 1: 21800 € Angebot 2: 18300 € · 1,19 = 21777 €
Antwort: Angebot 2 ist günstiger, als Angebot 1.

b) 21800 € · 0,95 = 20710 € (Angebot 1) 21777 € · 0,95 = 20688,15 € (Angebot 2)

Aufgabe 2:

a) 24500 € + 1750 € + 450 € + 850 € + 3500 € + 550 € + 450 € + 1250 € = 33300 €

b) $\frac{33300\text{ €}}{24500\text{ €}}$ = 1,359 ≙ 135,9 Preiserhöhung um 35,9 %

c) 33300 € · 0,96 = 31968 €

Aufgabe 3:

a) Unter Leasing versteht man einen Nutzungsüberlassungsvertrag. Das Fahrzeug wird in der Regel für einen Zeitraum von 3 oder 4 Jahren gefahren, für einen gewissen Betrag. Nach vier Jahren geht das Auto an das Autohaus zurück.

b) Nachteil: für Privatperson meistens teuer, Risiko des Nachzahlens bei Rückgabe, es muss sehr genau auf die gefahrenen Kilometer geachtet werden …
Vorteil: Man erhält alle 3 (4) Jahre ein neues Auto, selbstständige Personen haben Vorteile bei der Steuer …

c) 13870 €

d) 56,6 %

3.6 Kosten eines Autos — Seite 22

Aufgabe 1: 350 € · 12 + 85 € + 195 € · 4 + 550 € + 200 € + 400 € = 6215 €
Fahrtkosten: 20000 km : 100 km · 9 l · 1,45 €/l = 2610 €
Gesamtkosten: 2610 € + 6215 € = 8825 €

Aufgabe 2: 23000 € – 7000 € = 16000 € $\frac{16000\text{ €}}{23000\text{ €}}$ = 0,696 ≙ 69,6 %

Aufgabe 3:

a) 20000 km : 100 km · 7,5 l · 1,45 €/l : 12 = 181,25 €

b) 20000 km : 100 km · 9 l · 1,45 €/l : 12 = 217,50 €
217,50 € – 181,25 € = 36,25 € (Kostenersparnis pro Monat)

c) $\frac{181{,}25\text{ €}}{217{,}50\text{ €}}$ = 0,833 ≙ 83,3 % Die Kostenersparnis beträgt 16,7 % im Vergleich zum Neuwagen von Frau Stein.

3.7 Zeitungsartikel — Seite 23

Aufgabe 1:

a) Die Prozentangabe ist falsch. Richtig sind 100 %.

b) *individuelle Antwort*

Aufgabe 2:

Schnellfahrer: … so ist es mittlerweile schon jeder fünfte. Doch auch **zwanzig Prozent** sind …
Ehescheidung: jede dritte Ehe … , in Großstädten ist es **nur** jede vierte.
Frauen: … In Westdeutschland waren es mit 26,5 Prozent **etwas mehr**.
Zufriedene Deutsche: Jeder neunte Deutsche (**11,1 Prozent**) …

Aufgabe 3: *individuelle Lösung*

Lösungen

3.8 Rechnungsformular (1) Seite 24

Aufgabe 1:

Artikelbezeichnung	Artikelnr.	Einzelpreis	Anzahl	Gesamtpreis
Toner-Kartusche IC23	125480	43,50 €	5	**217,50 €**
Monitor 24 Zoll	45712	380,00 €	2	**760,00 €**
Infrarot Maus	652012	10,75 €	4	**43,00 €**
CD-Rohling	347801	0,15 €	250	**37,50 €**
Drucker IP 236	25410	265,00 €	3	**795,00 €**

Nettopreis	**1853,00 €**
19 % MwSt.	**352,07 €**
Bruttopreis	**2205,07 €**

Aufgabe 2:

a) Preisnachlass bei Zahlung im vorgegebenen Zeitraum, meist kurze Zahlungsfrist.

b) 2205,07 € · 0,98 = 2160,97 €

c) 2205,07 € – 2160,97 € = 44,10 €

3.9 Rechnungsformular (2) Seite 25

Artikelbezeichnung	Einzelpreis	Anzahl	Gesamtpreis
Tafel Typ 3	899,30 €	5	**4496,50 €**
Overhead-Projektor	745,20 €	8	**5961,60 €**
Tafel-Lineal	35,90 €	7	251,30 €
Ordner	2,20 €	12	**26,40 €**
Kreide (100 Stk.)	14,99 €	17	**254,83 €**
Klassenbuch	32,40 €	56	**1814,40 €**
Tafelschwamm	4,99 €	70	349,30 €
Kopierpapier (500 Blatt)	3,99 €	100	399,00 €
Bastelkarton	1,50 €	350	**525,00 €**
Scheren	2,95 €	50	147,50€

Nettopreis	**14225,83 €**
19 % MwSt.	**2702,91 €**
Bruttopreis	**16928,74 €**
Skonto (2 %)	**338,57 €**
Endbetrag	**16590,17 €**

3.10 Fernsehprogramm Seite 26

Aufgabe 1: ARD: 9,04 : 35,31 = 25,6 %
ZDF: 5,31 : 35,31 = 15,0 %
ProSieben: 3,74 : 35,31 = 10,6 %
Sat 1: 3,62 : 35,31 = 10,3 %
RTL: 3,17 : 35,31 = 9,0 %

Aufgabe 2: 11,57 : 31,7 = 36,5 %

Aufgabe 3:

a) 60 min · 0,2 = 12 min

b) Spielfilm: 95 min · 0,2 = 19 min, also wurden die Bestimmungen eingehalten
Sportsendung: 110 min · 0,2 = 22 min, also wurden die Bestimmungen nicht eingehalten, es sei denn, in der Zeit von 18 Uhr bis 18:10 Uhr lief keine Werbung.

c) Die Sendung muss mindestens 60 min (90 min) dauern.

Lösungen

3.11 Lohnbescheinigung (1) Seite 27

Aufgabe 1:

Bruttolohn: Lohn ohne Abzüge

Nettolohn: Betrag, der dem Arbeitnehmer überwiesen wird

Sozialversicherung: Krankenversicherung, Rentenversicherung, Arbeitslosenversicherung und Pflegeversicherung nennt man zusammen so

Arbeitgeber: Stellt andere Menschen ein bzw. gibt ihnen Arbeit

Aufgabe 2:

Brutto		**436,80 €**
		Ergebnis
Krankenversicherung in %	8,2	35,82 €
Rentenversicherung in %	9,95	43,46 €
Arbeitslosenversicherung in %	1,5	6,55 €
Pflegeversicherung in %	1,2	5,24 €
Summe Sozialversicherung		91,07 €
Netto		345,73 €

3.12 Lohnbescheinigung (2) Seite 28

a)

Brutto		**2838,20 €**	
		Ergebnis	**Korrektur**
Krankenversicherung in %	8,2	232,73 €	
Rentenversicherung in %	9,95	255,44 €	282,40 €
Arbeitslosenversicherung in %	1,5	425,73 €	42,57 €
Pflegeversicherung in %	1,2	34,06 €	
Summe Sozialversicherung		947,96 €	591,76 €
Lohnsteuer		432,75 €	
Gesamtabzüge		1380,71 €	1024,51 €
Nettolohn		**1457,49 €**	**1813,69 €**

Brutto		**1915,20 €**	
		Ergebnis	**Korrektur**
Krankenversicherung in %	8,2	28,73 €	157,05 €
Rentenversicherung in %	9,95	190,56 €	
Arbeitslosenversicherung in %	1,5	287,28 €	28,73 €
Pflegeversicherung in %	1,2	22,98 €	
Summe Sozialversicherung		529,55 €	399,32 €
Lohnsteuer		204,08 €	
Gesamtabzüge		733,63 €	603,40 €
Nettolohn		**2648,83 €**	**1311,80 €**

b) *individuelle Lösungen*

Lösungen

3.13 Rabattaktionen (1) Seite 29

Aufgabe 1: Kettensäge: 199 € · 0,8 = 159,20 €
Andere Rechenwege analog: Sonnenschirm 63,20 €, Blumenerde 1,59 €, Gießkanne 6,39 €, Bohrhammer 103,20 €

Aufgabe 2:

a) Spaten: 20 € : 0,8 = 25 €, Rechen: 23,92 : 0,8 = 29,90 €, Rasenmäher: 229,20 € : 0,8 = 286,50 €

b) 5 € + 5,98 € + 57,30 € = 68,28 €

Aufgabe 3:

Drucker: 69,90 € : 89,90 € = 77,8 %, also 22,2 % Preisnachlass. Die Angabe stimmt nicht.
Laptop: 414,99 € : 799,90 € = 51,9 %, also 48,1 % Preisnachlass. Die Angabe stimmt nicht.
Monitor: 238,90 € : 499,90 € = 47,8 %, also 52,2 % Preisnachlass. Die Angabe stimmt.
Tastatur: 17,40 € : 35 € = 49,7 %, also 50,3 % Preisnachlass. Die Angabe stimmt.
Maus: 9,90 € : 11 € = 90 %, also 10 % Preisnachlass. Die Angabe stimmt nicht.

3.14 Rabattaktionen (2) Seite 30

Aufgabe 1:

a) Butter: 5,55 € − 5 · 1,19 € = −0,40 €
Dosensuppe: −3,90 €
Milch: −0,69 €
Käse: −1,45 €

b) Butter: 5,55 € : 5 = 1,11 € 1,11 € : 1,19 € = 0,93 Ersparnis: 7 %
Dosensuppe: 13,5 %
Milch: 7,3 %
Käse: 9,7 %

c) Der Kauf ist sinnvoll, wenn man die Produkte alle verbraucht und nichts wegwerfen muss, weil es vielleicht abgelaufen oder verdorben ist oder die Menge zu groß ist.

Aufgabe 2:

a) 36,90 € · 0,8 = 29,52 € 29,52 € + 45,00 € = 74,52 €

b) 25,95 € · 0,8 = 20,76 € 20,76 € + 29,90 € = 50,66 €

c) 74,52 € + 50,66 € = 125,18 €
45,00 € + 36,90 € + 29,90 € + 25,95 € · 0,5 = 124,78 €

3.15 Klassenarbeit (1) Seite 31

a)

Note	1 sehr gut	2 gut	3 befriedigend	4 ausreichend	5 mangelhaft	6 ungenügend
Anzahl Schüler	**3**	**6**	**5**	**7**	**2**	**0**

b) Der Mittelwert beträgt (3 + 12 + 15 + 28 + 10) : 23 = 2,96.

c) 2 : 23 · 100 = 8,7 % < 50 %, daher muss die Arbeit nicht wiederholt werden.

3.16 Klassenarbeit (2) Seite 32

Aufgabe 1:

a)

Note	1 Sehr gut	2 gut	3 befriedigend	4 ausreichend	5 mangelhaft	6 ungenügend
Anzahl Schüler	2	5	9	4	2	1
Prozent der Schüler	**8,7**	**21,74**	**39,13**	**17,39**	**8,7**	**4,35**

Aufgabe 2:

a)

Note	1 Sehr gut	2 gut	3 befriedigend	4 ausreichend	5 mangelhaft	6 ungenügend
Anzahl Schüler	0	6	12	6	5	3
Prozent der Schüler	**0**	**18,75**	**37,5**	**18,75**	**15,63**	**9,38**

Aufgabe 1: b)

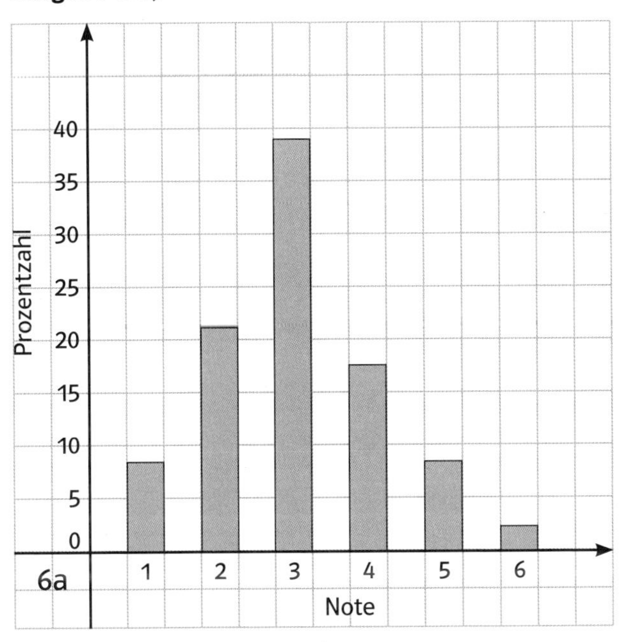

Aufgabe 2: b)

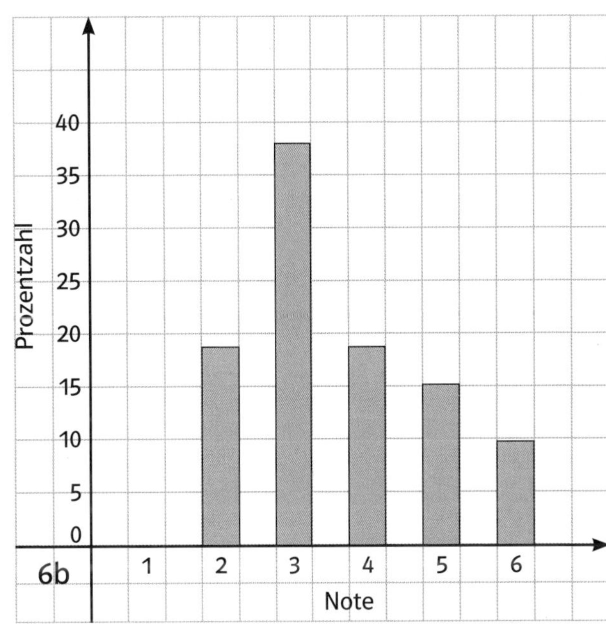

4. Rationale Zahlen

4.1 Kontoführung (1) Seite 33

Aufgabe 1:

Abheben: Man hebt an einem Geldautomat Bargeld von seinem Konto ab oder lässt es sich am Bankschalter auszahlen.

Abbuchung: Von dem Konto wird Geld abgebucht, das Konto wird belastet. Es ist also weniger Geld auf dem Konto.

Einzahlen: Man zahlt Bargeld auf sein Konto ein.

Haben: Bezeichnet den positiven Betrag auf dem Konto (von Guthaben).

Soll: Bezeichnet einen negativen Betrag auf dem Konto. Man hat Schulden bei der Bank.

Überweisung: Man überweist Geld auf ein anderes Konto oder bekommt Geld auf sein eigenes Konto überwiesen.

Überziehen: Das Konto hat einen negativen Kontostand. Man hat Schulden bei der Bank.

Aufgabe 2:

Datum	01.01.18	08.03.18	15.05.18	27.05.18	03.06.18	29.06.18
Alter Kontostand	573 €	750€	−850 €	365 €	1145 €	−458 €
Neuer Kontostand	275 €	−123€	275 €	−215 €	1475 €	785 €
Kontobewegung	**−298 €**	**−873 €**	**+1125 €**	**−580 €**	**+330 €**	**+1243 €**

Aufgabe 3

a) + bedeutet, dass man Geld auf das Konto bekommt, z. B. das Gehalt.
   – bedeutet, dass man Geld von dem Konto auf ein anderes Konto überweist oder Geld von dem Konto abhebt

b) Geldeingang: 2514,84 € Abbuchungen: 942,01 €

c) 2058,82 €

4.2 Kontoführung (2) Seite 34

Aufgabe 1

a) Es ist sinnvoll, damit Tim lernt, mit Geld umzugehen und z. B. auf Dinge zu sparen. Außerdem dürfen Jugendliche auch vom Gesetz her keine Schulden machen und eine Kontoüberziehung wäre rein rechtlich die Bereitstellung eines Darlehens.

b) + bedeutet, dass man Geld auf das Konto bekommt, z. B. das Gehalt.
   – bedeutet, dass man Geld von dem Konto auf ein anderes Konto überweist oder Geld von dem Konto abhebt

c) Abgehoben: 130,00 € Eingezahlt: 135,00 €

d) 60,11 €

e) Tim hat nur noch 55,11 € auf seinem Konto. Wenn er 65,00 € abheben würde, käme er ins Soll, was nicht erlaubt ist.

Aufgabe 2: 60,11 € + 40,00 € = 100,11 €, also kann Tim das Videospiel kaufen.

4.3 Auf dem Flohmarkt Seite 35

Aufgabe 1:

a) Eine Gebühr, die für den Standplatz auf dem Flohmarkt fällig wird. Normalerweise wird die Standgebühr immer fällig und ist im Vorfeld zu zahlen.

b) Es gibt verschiedene Möglichkeiten, der Gesamtbetrag der verkauften Sachen muss mindestens 30 € betragen.

Aufgabe 2: 15 € (Gameboy) + 21 € (Gameboy Spiele) + 25 € (50 Ü-Ei-Figuren) + 12 € (Brettspiel) + 8 € (Puzzle) + 6 € (großer Teddy) + 25 € (Kiste Playmobil) + 22,50 € (5 PC-Spiele) + 35 € (10 Kinderbücher) + 15 € (Pokémon-Karten) = 184,50 €
184,50 € – 30 € = 154,50 €

Aufgabe 3:

a) 12 € (Brettspiel) + 6 € (großer Teddy) + 8 € (Puzzle) + 22,50 € (5 PC-Spiele) + 35 € (10 Kinderbücher) = 83,50 €
   184,50 € – 83,50 € = 101,00 € 101,00 € + 30 € = 131,00 €

b) 184,50 € – 131,00 € = 53,50 € $\frac{53{,}50\ €}{184{,}50\ €} = 0{,}29 \mathrel{\hat{=}} 29\ \%$ weniger Einnahmen

c) Es ist sinnvoll, die restlichen Spielsachen gebündelt zu verkaufen, da man nicht ein zweites Mal die Standgebühr in Höhe von 30 € zahlen und die Ware nicht wieder einpacken und transportieren muss.

Aufgabe 4:

a) (131,00 € – 30 €) : 3 = 33,67 € Nein, das Geld reicht nicht aus.

b) Jonas hätte sich das Spiel kaufen können, wenn jeder Artikel einzeln verkauft worden wäre.

Lösungen

5. Daten (Statistik)

5.1 Daten im Alltag — Seite 36

Aufgabe 1:

a) 2001 am niedrigsten, 2011 am höchsten

b)

Jahr		2000	2001	2002	2003	2004	2005
Verbrauch		125 PJ	120PJ	140 PJ	125 PJ	160 PJ	165 PJ
Jahr	2006	2007	2008	2009	2010	2011	2012
Verbrauch	180 PJ	220 PJ	225 PJ	205 PJ	250 PJ	310 PJ	230 PJ

Aufgabe 2:

a) Nein. Zum Winterbeginn 2017 wurde zwar nur eine Schneehöhe von nur 20 cm erreicht, die restliche Zeit waren es aber (fast) immer über 40 cm.

b) geringste: Dezember 2017 mit 10 cm, höchste Januar 2018 mit 150 cm

c) Ab Mitte Dezember bis Mitte Januar und ab Ende Januar bis einschließlich April 2018

d) Ja, es lag Schnee in Höhe vom 80 cm.

Aufgabe 3: Der Zug beschleunigte zunächst auf 100 km/h, hielt dann seine Geschwindigkeit 70 s konstant und bremste dann ab.

5.2 PKW-Zulassung — Seite 37

Aufgabe 1:

a)

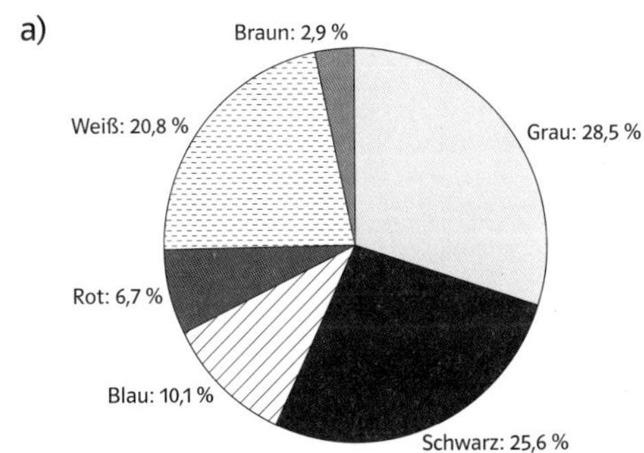

b) Grau: $3\,441\,626 \cdot 0{,}285 = 980\,863$; Schwarz: 881 056; Blau: 347 604; Rot: 230 589; Weiß: 715 858; Braun: 99 807

c)

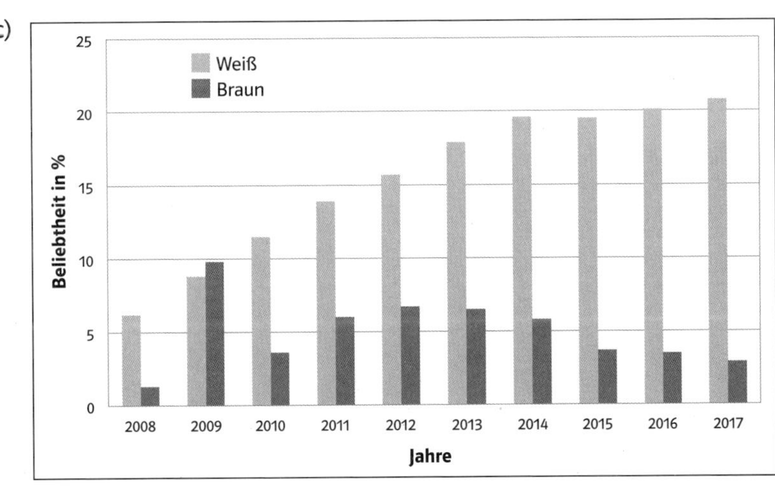

Lösungen

Aufgabe 2:

a) $\frac{19\,400 \cdot 100\ \%}{10{,}65\ \%} = 182\,160$ Autos

b) Opel Corsa: $\frac{14\,500}{182\,160} = 0{,}079 \triangleq 7{,}9\ \%$

Opel Astra: $\frac{12\,000}{182\,160} = 0{,}066 \triangleq 6{,}6\ \%$

VW Polo: $\frac{10\,000}{182\,160} = 0{,}055 \triangleq 5{,}5\ \%$

c) VW Golf: 10,65 %; andere: 69,4 %

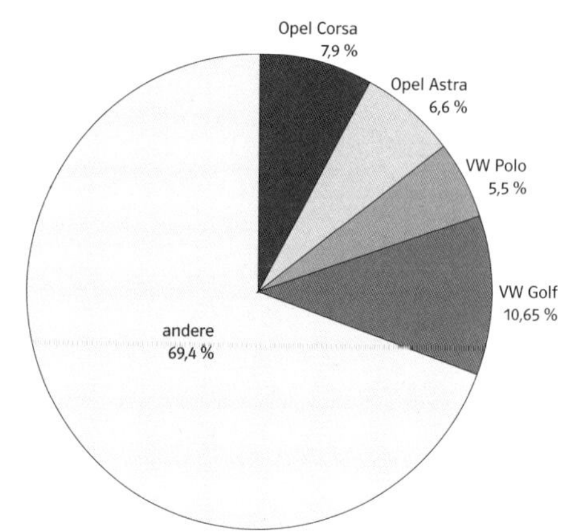

5.3 Ausbildungsberufe — Seite 38

Aufgabe 1

a)

Ausbildungsberuf	Anzahl Ausbildungsverträge
Kaufmann für Büromanagement	$\frac{28\,653}{186\,420} = 0{,}154 \triangleq 15{,}4\ \%$
Kaufmann im Einzelhandel	13,1 %
Verkäufer	12,2 %
Kraftfahrzeugmechatroniker	11,9 %
Industriekaufmann	9,6 %
Medizinischer Fachangestellter	8,7 %
Kaufmann im Groß- und Außenhandel	7,7 %
Elektroniker	7,5 %
Fachinformatiker	7,0 %
Zahnmedizinischer Fachangestellter	6,9 %

b)

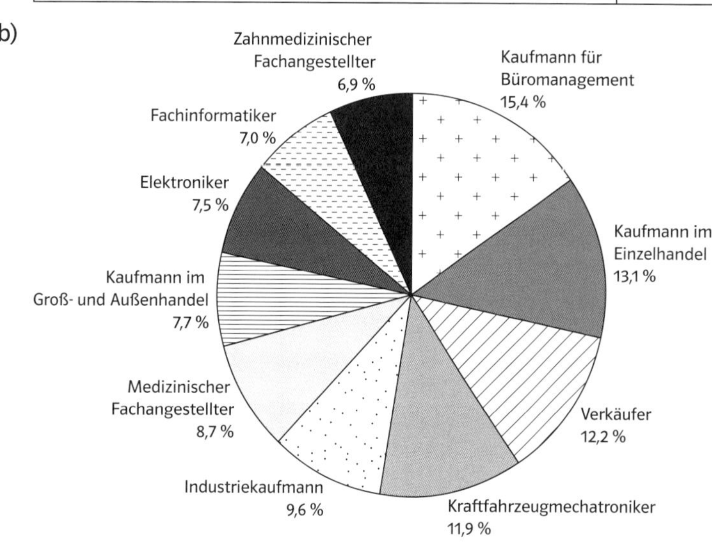

Aufgabe 2:

a) Die Anzahl der abgeschlossenen Verträge in den einzelnen Berufsfeldern im Vergleich zum Vorjahr.

b) Industrie und Handelskammer: 304 302 · 0,013 = 3 956 (weniger)
Handwerk: 141 768 · 0,002 = 284 (weniger)
Öffentlicher Dienst: 13 800 · 0,039 = 539 (mehr)
Landwirtschaft: 13 614 · 0,005 = 68 (mehr)
freie Berufe: 44 562 · 0,033 = 1 471 (mehr)
Hauswirtschaft: 2 139 · 0,055 = 118 (weniger)

c)

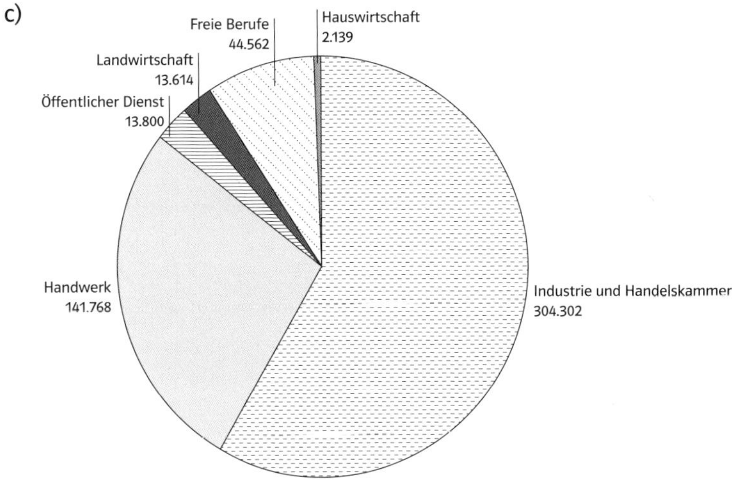

5.4 Bundestagswahlen Seite 39

Aufgabe 1: Die Wahlen finden alle vier Jahre statt. Das Ergebnis der Wahl bestimmt die Sitzverteilung im Bundestag.

Aufgabe 2:

a)

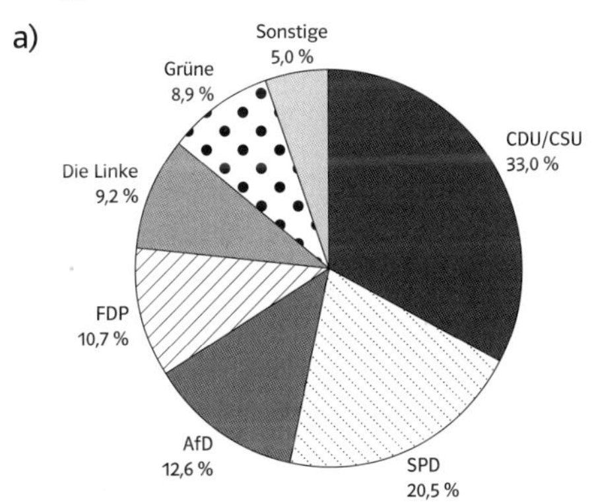

b)

Partei	Parteiname	Gewinn/Verlust
CDU/CSU	Christlich Demokratische Union Deutschlands	−8,5 %
SPD	Sozialdemokratische Partei Deutschlands	−5,2 %
AfD	Alternative für Deutschland	+7,9 %
FDP	Freie Demokratische Partei	+5,9 %
DIE LINKE	DIE LINKE	+0,6 %
GRÜNE	BÜNDNIS 90/GRÜNE	+0,5 %
Sonstige		−1,2 %

c)

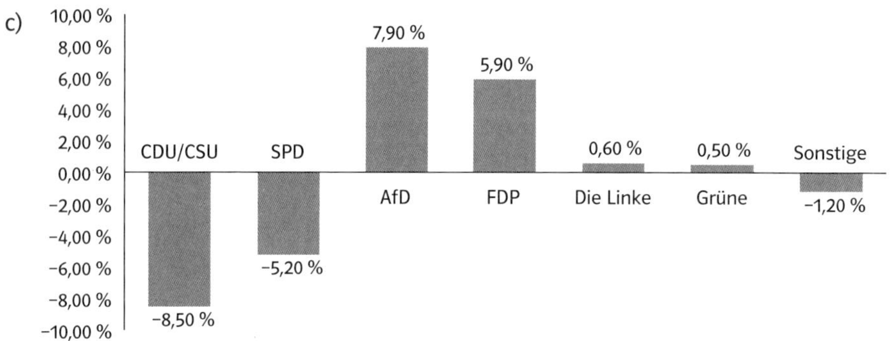

Aufgabe 3:

a) 61,5 Mio · 0,762 = 46,86 Mio

b) 46,86 Mio · 0,01 = 0,4686 Mio = 468 600

c) 61,5 Mio – 46,86 Mio = 14,64 Mio

Aufgabe 4:

CDU/CSU + SPD   CDU/CSU + SPD + eine weitere Partei

CDU/CSU + AfD + FDP   CDU/CSU + AfD + DIE LINKE   CDU/CSU + AfD + GRÜNE

CDU/CSU + FDP + DIE LINKE   CDU/CSU + FDP + GRÜNE

CDU/CSU + DIE LINKE + GRÜNE

Lösungen

Klasse 8

1. Terme und Gleichungen

1.1 Eisenbahnschienen — Seite 40

Aufgabe 1:

a) Finn: $a + c + c + c + c + b + b + c + a + a + c = 6c + 3a + 2b$ — 366 cm
Tim: $c + a + c + b + c + a + c + b = 4c + 2a + 2b$ — 266 cm
Alex: $c + c + a + b + a + c + c + a + b + a = 4c + 4a + 2b$ — 326 cm

b) *individuelle Antwort*

Aufgabe 2:

a) Melanie hat oben auf der Abbildung angefangen und den Term entlang der Schienen aufgestellt.

b) Simone hat alle gleichen Schienenstücke zusammengefassten und einen Term notiert.

Aufgabe 3: Kürzeste Strecke $4c = 4 \cdot 35\text{ cm} = 140\text{ cm}$
Längste Strecke: $8c + 4a + 6b = 8 \cdot 35\text{ cm} + 4 \cdot 30\text{ cm} + 6 \cdot 33\text{ cm} = 598\text{ cm}$

1.2 Urlaub mit dem Wohnmobil — Seite 41

Aufgabe 1:

a) Angebot 1: 90 € + 14 · 79,50 € = 1 203 €
Angebot 2: 157,50 € + 14 · 75 € = 1 207,50 €

b) ab 16 Tagen: $79{,}5x + 90 = 75x + 157{,}50$
$4{,}5x = 67{,}50$
$x = 15$

c) Angebot 1: (90 € + 16 · 79,50 €) · 0,9925 = 1 351,79 €
Angebot 2: 157,50 € + 16 · 75 € = 1 357,50 € — Nein, Angebot 1 ist günstiger.

Aufgabe 2:

a) 118,75 € · x + 0,30 €/km · y = 118,75 € · 12 + 0,30 €/km · 2 800 km = 2 265 €

b) 118,75 € · 12 + 0,30 €/km · 2 415 km = 2 149,50 € — 2 265 € – 2 149,50 € = 115,50 €

c) 2 415 km : 100 km · 27,5 l · 1,45 €/l = 962,98 € — 2 149,50 € + 962,98 € = 3 112,48 €

2. Zinsrechnung

2.1 Autofinanzierung — Seite 42

Aufgabe 1:

a) 14 892,75 €

b) 14,6 %

c) Eine Autofinanzierung ist dann lohnenswert, wenn der Barpreis des Fahrzeuges dem Kunden nicht zur Verfügung steht.

Aufgabe 2:

a) 28 327,43 €

b) 18 %

Lösungen

Aufgabe 3:

Monat	Tilgung	Stand Darlehen am Monatsanfang	Zinsen	Stand Darlehen am Monatsende
1		20 000,00 €	83,33 €	20 083,33 €
2	400,00 €	19 683,33 €	82,01 €	19 765,35 €
3	400,00 €	19 365,35 €	80,69 €	19 446,04 €
4	400,00 €	19 046,04 €	79,36 €	19 125,39 €
5	400,00 €	18 725,39 €	78,02 €	18 803,42 €
6	400,00 €	18 403,42 €	76,68 €	18 480,10 €
7	400,00 €	18 080,10 €	75,33 €	18 155,43 €
8	400,00 €	17 755,43 €	73,98 €	17 829,41 €
9	400,00 €	17 429,41 €	72,62 €	17 502,04 €
10	400,00 €	17 102,04 €	71,26 €	17 173,29 €
11	400,00 €	16 773,29 €	69,89 €	16 843,18 €
12	400,00 €	16 443,18 €	68,51 €	16 511,70 €
13	400,00 €	16 111,70 €	67,13 €	16 178,83 €
14	400,00 €	15 778,83 €	65,75 €	15 844,57 €
15	400,00 €	15 444,57 €	64,35 €	15 508,93 €
16	400,00 €	15 108,93 €	62,95 €	15 171,88 €
17	400,00 €	14 771,88 €	61,55 €	14 833,43 €
18	400,00 €	14 433,43 €	60,14 €	14 493,57 €
19	400,00 €	14 093,57 €	58,72 €	14 152,29 €
20	400,00 €	13 752,29 €	57,30 €	13 809,59 €
21	400,00 €	13 409,59 €	55,87 €	13 465,47 €
22	400,00 €	13 065,47 €	54,44 €	13 119,91 €
23	400,00 €	12 719,91 €	53,00 €	12 772,90 €
24	400,00 €	12 372,90 €	51,55 €	12 424,46 €
25	400,00 €	12 024,46 €	50,10 €	12 074,56 €
26	400,00 €	11 674,56 €	48,64 €	11 723,20 €
27	400,00 €	11 323,20 €	47,18 €	11 370,38 €
28	400,00 €	10 970,38 €	45,71 €	11 016,09 €
29	400,00 €	10 616,09 €	44,23 €	10 660,33 €
30	400,00 €	10 260,33 €	42,75 €	10 303,08 €
31	400,00 €	9 903,08 €	41,26 €	9 944,34 €
32	400,00 €	9 544,34 €	39,77 €	9 584,11 €
33	400,00 €	9 184,11 €	38,27 €	9 222,38 €
34	400,00 €	8 822,38 €	36,76 €	8 859,14 €
35	400,00 €	8 459,14 €	35,25 €	8 494,38 €
36	400,00 €	8 094,38 €	33,73 €	8 128,11 €
37	400,00 €	7 728,11 €	32,20 €	7 760,31 €
38	400,00 €	7 360,31 €	30,67 €	7 390,98 €
39	400,00 €	6 990,98 €	29,13 €	7 020,11 €
40	400,00 €	6 620,11 €	27,58 €	6 647,69 €
41	400,00 €	6 247,69 €	26,03 €	6 273,72 €
42	400,00 €	5 873,72 €	24,47 €	5 898,20 €

Monat	Tilgung	Stand Darlehen am Monatsanfang	Zinsen	Stand Darlehen am Monatsende
43	400,00 €	5 498,20 €	22,91 €	5 521,11 €
44	400,00 €	5 121,11 €	21,34 €	5 142,44 €
45	400,00 €	4 742,44 €	19,76 €	4 762,20 €
46	400,00 €	4 362,20 €	18,18 €	4 380,38 €
47	400,00 €	3 980,38 €	16,58 €	3 996,97 €
48	400,00 €	3 596,97 €	14,99 €	3 611,95 €
49	400,00 €	3 211,95 €	13,38 €	3 225,34 €
50	400,00 €	2 825,34 €	11,77 €	2 837,11 €
51	400,00 €	2 437,11 €	10,15 €	2 447,26 €
52	400,00 €	2 047,26 €	8,53 €	2 055,79 €
53	400,00 €	1 655,79 €	6,90 €	1 662,69 €
54	400,00 €	1 262,69 €	5,26 €	1 267,95 €
55	400,00 €	867,95 €	3,62 €	871,57 €
56	400,00 €	471,57 €	1,96 €	473,53 €
57	400,00 €	73,53 €	0,31 €	73,84 €
58	400,00 €	–326,16 €		

Nach 58 Monaten ist das Darlehen vollständig getilgt.

2.2 Sparbuch

Seite 43

Aufgabe 1: 300 € · 0,02 = 6 €

Aufgabe 2: 540 € · 0,02 : 2 = 5,40 €

Aufgabe 3:

Nr.	Datum	Vorgang	Wert	Kontostand
1	01.04.2017	Einzahlung	2 200 €	+ 2 200 €
2	01.09.2017	Einzahlung	1 000 €	+ 3 200 €
3	01.12.2017	Einzahlung	1 800 €	+ 5 000 €
4	01.01.2018	Guthabenzinsen	42,67 €	5 042,67 €

Rechnung:

$2200\,€ \cdot 2\,\% \cdot \frac{9}{12} + 1000\,€ \cdot 2\,\% \cdot \frac{4}{12}$

$+ 1800\,€ \cdot 2\,\% \cdot \frac{1}{12} = 42{,}67\,€$

Aufgabe 4:

Datum	Zinstage	Wert	Gesamtguthaben
01.Januar 2016	360	2 000,00 €	**+ 2 000 €**
15.März 2016	286	1 400,00 €	**+ 3 400 €**
28.November 2016	33	900,00 €	**+ 4 300 €**
01.Januar 2017	360	**95,85 €**	**+ 4 395,85 €**
28.November 2017	33	3 400,00 €	**+ 7 795,85 €**
01.Januar 2018	360	**141,23 €**	**+ 7 937,08 €**
15.April 2018	256	2 500,00 €	**+ 10 437,08 €**
Januar 2019		**291,44 €**	**+ 10 728,52 €**

Lösungen

2.3 Bankkredit (1) Seite 44

Aufgabe 1:

Datum	Sollzinsen	Jährliche Einzahlung	Restschuld
01.01.2014	750,00 €	3500,00 €	12250,00 €
01.01.2015	**612,50 €**	3500,00 €	**9362,50 €**
01.01.2016	**468,13 €**	3500,00 €	**6330,63 €**
01.01.2017	**316,53 €**	3500,00 €	**3147,16 €**
01.01.2018	**157,36 €**	3500,00 €	**−195,48 €**

Aufgabe 2:

a) 343,56 €
b) 5330,15 €
c) −1426,48 €
d) −2474,99 €
e) 2000,83 €
f) 3162,10 €

2.4 Bankkredit (2) Seite 45

Aufgabe 1:

a) 13999 € · 0,85 = 11899,15 € (Auto KLEE)

b) Angebot 1 kostet 14352 €,
Angebot 2 kostet 15600 €.

c) 830,77 €

d) Nach sieben Jahren ist es weniger als die Hälfte wert: $13999 \cdot 0{,}9^7 = 6695{,}68$ €

Aufgabe 2:

a) 158000 €

b) 10270 €

Aufgabe 3:

Kostenpunkte beim Hauskauf	
Kosten des Hauses	295000 €
Maklergebühr (5,95 %)	**17552,50 €**
Grunderwerbssteuer (6 %)	**17700,00 €**
Notar (2 %)	**5900,00 €**
Gesamtkreditsumme	**336152,50 €**

2.5 An der Börse (1) Seite 46

Aufgabe1: Die Aktie ist ein Wertpapier, das den Anteil an einer Aktiengesellschaft darstellt.
Der DAX ist der Deutsche Aktien Index. Dieser misst die Wertentwicklung der 30 größten Unternehmen des deutschen Aktienmarktes.

Aufgabe 2:

a)

Datum	Schlusskurs in Punkten	Zunahme gegenüber dem Vortag	Veränderung gegenüber dem Vortag
15.05.17	5062,45	518,14	11,4 %
28.05.17	4823,45	488,81	11,3 %
23.08.17	4554,23	426,93	10,3 %
02.09.17	3859,75	280,78	7,8 %
10.09.17	4715,88	334,41	7,6 %

b) *individuelle Antwort*

Lösungen

Aufgabe 3:

a) BMW: 0,00000166 % Siemens: 0,0000001176 %

b) BMW: 60 199 520 Siemens: 850 000 000

c) BMW: 1 % = 601 955,2 5 % = 3 009 776 51 % = 30 701 755,2
Siemens: 1 % = 8 500 000 5 % = 42 500 000 51 % = 433 500 000

2.6 An der Börse (2) Seite 47

Aufgabe 1: Die Dividende bezeichnet die Gewinnausschüttung pro Aktie.

Aufgabe 2:

a) Von 2008 bis 2010 und von 2011 bis 2012 und von 2015 bis 2017 stieg die Dividende um jeweils 0,05 € pro Jahr an. Von 2010 bis 2011 ist die Dividende stark gestiegen (0,20 €), von 2012 bis 2013 stieg die Dividende um 0,15 € an. Von 2013 bis 2014 fiel die Dividende stark um 0,30 €. Von 2014 bis 2015 blieb die Dividende gleich.

b) Es wurden insgesamt 7 557 192 962,50 € Gewinn ausgeschüttet.

Aufgabe 3:

a) In den Grafiken wird der Wert einer Aktie am Tag, über Monate und über Jahre wiedergegeben.

b) Die unterschiedliche Darstellung der Zeiträume ist für die unterschiedlichen Kunden gedacht. Je nach Anlagetyp ist eine unterschiedliche Betrachtung der Anlagezeiträume sinnvoll.

c) *Individuelle Lösung*

2.7 Kapitalanlagen (1) Seite 48

Aufgabe 1:

a) Girokonto: 5,00 € Tagesgeldkonto: 75,00 € Festgeldkonto: 100,00 €

b)

	6 Monate	4 Monate	100 Tage
Girokonto	2,50 €	1,67 €	1,39 €
Tagesgeldkonto	37,50 €	25,00 €	20,83 €
Festgeldkonto	50,00 €	33,33 €	27,78 €

Aufgabe 2

a)

Monat	**Jan.**	**Feb.**	**März**	**April**	**Mai**	**Juni**	**Juli**	**Aug.**	**Sep.**	**Okt.**	**Nov.**	**Dez.**
Rate	100 €	100 €	100 €	100 €	100 €	100 €	100 €	100 €	100 €	100 €	100 €	100 €
Monate	12	11	10	9	8	7	6	5	4	3	2	1
Zinsen	1,20 €	1,10 €	1,00 €	0,90 €	0,80 €	0,70 €	0,60 €	0,50 €	0,40 €	0,30 €	0,20 €	0,10 €

b) 7,80 €

Aufgabe 3

a) Deutschland, Frankreich, USA

b) Vom 01.03. bis zum 31.12. sind es in Deutschland 10 Monate oder 300 Tage, in Frankreich und den USA sind es 306 Tage. Vom 30.01. bis zum 01.05. sind es in Deutschland 92 Tage, in Frankreich und den USA 93 Tage. Bei der Berechnung der Jahreszinsen spielen die Tage keine Rolle.

	01.03.–31.12.	30.01.–01.05.	1 Jahr
Deutschland	416,67 €	127,78 €	500,00 €
Frankreich	425,00 €	129,17 €	500,00 €
USA	418,03 €	127,05 €	500,00 €

c) In Frankreich, da hier die höchsten Zinsen anfallen.

Lösungen

2.8 Kapitalanlagen (2) Seite 49

Aufgabe 1:

a) *individuelle Antwort*

b) **Bundesschatzbriefe** sind Schuldverschreibungen der Bundesrepublik Deutschland. Die **Aktie** ist ein Wertpapier, in welchem die Rechte und Pflichten des Aktionärs verbrieft sind. **Staatsanleihen** sind vom Staat angenommene Anleihen bzw. ausgestellte Schuldverschreibungen. **Rentenfonds** investieren in festverzinsliche Wertpapiere wie Staats- und Unternehmensanleihen. Fonds, die sich auf Anleihen solider Staaten konzentrieren, sind langfristig eine sichere Anlage. Wertschwankungen sind bei Rentenfonds im Vergleich zu Aktienfonds deutlich geringer.

Aufgabe 2: Konto 123456: Zinssatz 2 % Jahreszinsen 50 €
Konto 234567: Zinssatz 1,75 % Jahreszinsen 235,38 €

Aufgabe 3: 12,76 €

Aufgabe 4: 4,88 %

Aufgabe 5: 3 906,25 €

2.9 Kapitalanlagen (3) Seite 50

Aufgabe 1

a) Die Nidda-Bank: 1710,91 € Harber Sparkasse: 1707,55 €

b) Wenn man das Geld vor Ablauf der 4 Jahre benötigen sollte, ist die Nidda-Bank besser, da man hier jederzeit über sein Geld verfügen kann.

Aufgabe 2: Beide Banken haben richtig gerechnet.

2.10 Dispokredit Seite 51

Aufgabe 1: Dispositionskredit, kurz Dispo genannt, ist ein Kredit, der dem Inhaber eines Lohn- oder Gehaltskontos erlaubt, sein Konto in bestimmter Höhe zu überziehen. Die Zinsen für einen Dispositionskredit liegen in der Regel deutlich höher als die Zinsen für einen Ratenkredit.

Aufgabe 2:

a) 17,56 €

b) −2 753,56 €

c) Es besteht die Gefahr, dass man sich verschuldet und aus den Schulden nicht mehr herauskommt.

Aufgabe 3: Das Fahrrad kostet im Angebot nur noch 490 €. Hannes müsste sich 290 € leihen. Dafür würde er im Jahr 43,50 € Zinsen zahlen. Da er beim Kauf des Fahrrades 210 € spart, hätte er fast 5 Jahre Zeit, bis die Zinsen mehr wären als die Ersparnis.

Lösungen

3. Lineare Funktionen

3.1 Wasserversorgung — Seite 52

Aufgabe 1:

a) Monat: y = 2,5x + 3,25 Jahr: y = 2,5x + 39

b)

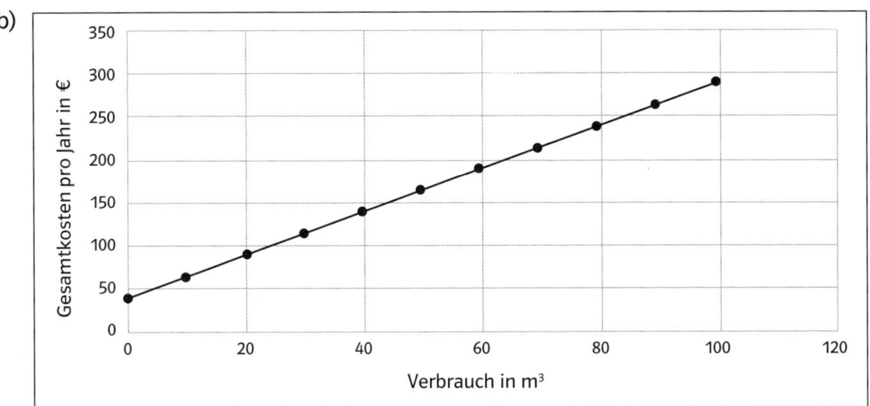

c) Zähler 1: Verbrauch 111 m³ Kosten: 316,50 €
Zähler 2: Verbrauch 485 m³ Kosten 1 251,50 €

Aufgabe 2: *individuelle Lösungen*

Aufgabe 3:

a) 1. 20 € und 2. 60 €

b) 1. 23 € und 2. 62 €

c) y = 3x + 20 und y = 2x + 60

d) 50 m³ kosten 170 € bzw. 160 € 110 m³ kosten 350 € bzw. 280 €
$y = 3 \cdot 50 + 20 = 170$ (€) $y = 2 \cdot 50 + 60 = 160$ (€)
$y = 3 \cdot 110 + 20 = 350$ (€) $y = 2 \cdot 110 + 60 = 280$ (€)

3.2 Zugfahrten — Seite 53

Aufgabe 1:

a) Die gefahrenen Kilometer in Abhängigkeit von der Zeit.

b) Köln und Essen sind ca. 88 km voneinander entfernt.

c) Die Durchschnittsgeschwindigkeit beträgt ca. 100 km/h.
88 km – 53 min ((: 53))
99,6 km – 60 min ((· 60))

Aufgabe 2:

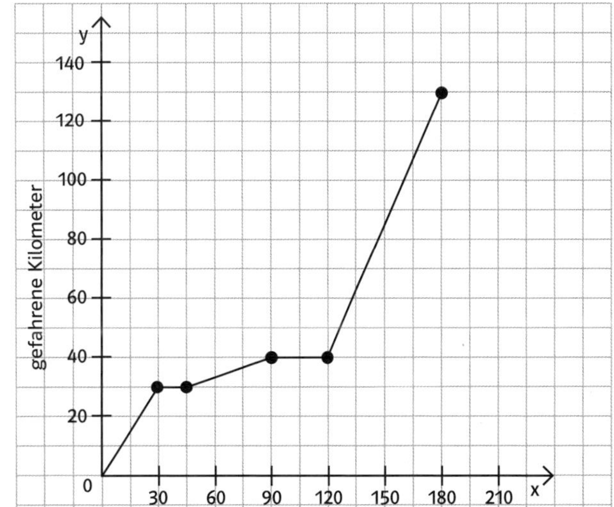

3.3 An der Tankstelle Seite 54

Aufgabe 1

a) 82,50 €

b) $y = 1{,}5x$

c)

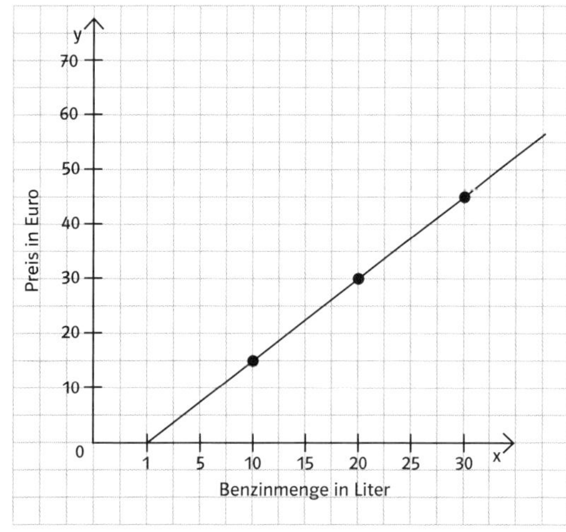

d) Es kostet 15,00 € (22,50 €, 30,00 €, 52,50 €)

e) Er bekommt 6,67l (13,33l, 23,33l, 26,67l)

Aufgabe 2

a) 136,50 € 35 km · 2 · 20 · 6,5 €/km : 100 · 1,5 € = 136,50 €

b) 4,55 € 3,3 %

4. Flächeninhalte

4.1 Fassadenarbeiten Seite 55

Aufgabe 1: (1 m + 4 m + 1 m) · (3 m + 2 · 1,5 m) = 36 m²
((1 m + 4 m + 1 m) + 4 m) · 2,2 m : 2 = 11 m²
4 m · 1 m : 2 = 2 m²
36 m² + 11 m² + 2 m² = 49 m²
4 · 1,5 = 6 (m²)
49 m² – 6 m² = 43 m²
43 · 50 = 2150; 2150 € · 1,19 = 2558,50 €

Aufgabe 2

a) 8,265 m² · 1,15 = 9,505 m²

b) 9 m²; 67,07 €

c) 4,1325 l; 71,50 €

d) Die Farbe ist 4,43 € teurer.

4.2 Mietpreise Seite 56

Aufgabe 1:

a) 64,125 m²; 513 €

b) 153,73 m²; 1229,84 € Kaltmiete

Aufgabe 2: 1629,84 € Warmmiete

4.3 Mietwohnung Seite 57

Aufgabe 1:

a) Meter

b) Küche 23,6 m², Wohnzimmer 36 m², WC 6,8 m², Diele 16,9 m², Bad 15,2 m², Schlafzimmer 34,7 m²

c) 130,7 m² ·9,50 € = 1241,65 (€)

d) 1671,65

Aufgabe 2: Nein, die Kaltmiete ist nicht angemessen, da der Quadratmeterpreis 10,71 € betragen würde.

Aufgabe 3:

a) 922,14 €

b) 6 · 4 – 1 = 23 (m)

c) 23 m · 4,49 €/m = 103,27 €

d) 922,14 € + 103,27 € = 1025,41 €

4.4 Rund ums Haus Seite 58

Aufgabe 1: 724,68 €

Aufgabe 2:

a) $7 \cdot 2 + 2 \cdot \left(\frac{2{,}65 + 2}{2} \cdot 5\right) = 37{,}25$

b) Angebot 1 ist 342,50 € günstiger.

c) 5 120,19 €

Aufgabe 3: Man benötigt mindestens 267 Steine.

Aufgabe 4:

a) 114,5 m²

b) 4 Eimer = 16,00 €

5. Mehrstufige Zufallsexperimente

5.1 Schulfeier (1) Seite 59

Aufgabe 1:

a) siehe rechts

b) $\frac{1}{2} \cdot \frac{15}{31} = \frac{15}{62} \approx 24{,}19\ \%$

c) $\frac{15}{62} \cdot 2 = \frac{30}{62} \approx 48{,}39\ \%$

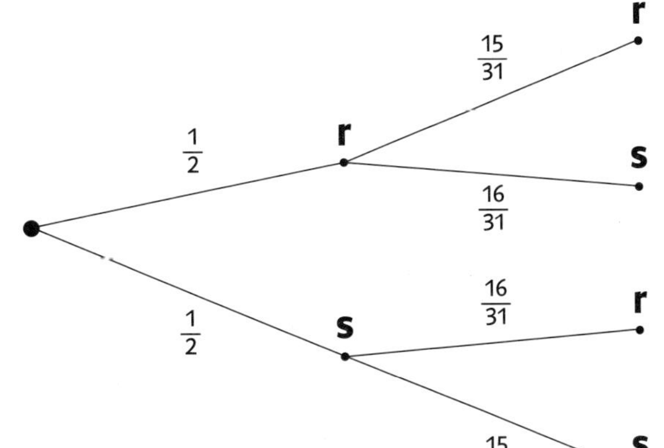

Aufgabe 2:

a) siehe rechts

b) siehe rechts

c) $\frac{1}{2} \cdot \frac{15}{31} \cdot \frac{14}{30} = \frac{7}{62} \approx 11{,}92\ \%$

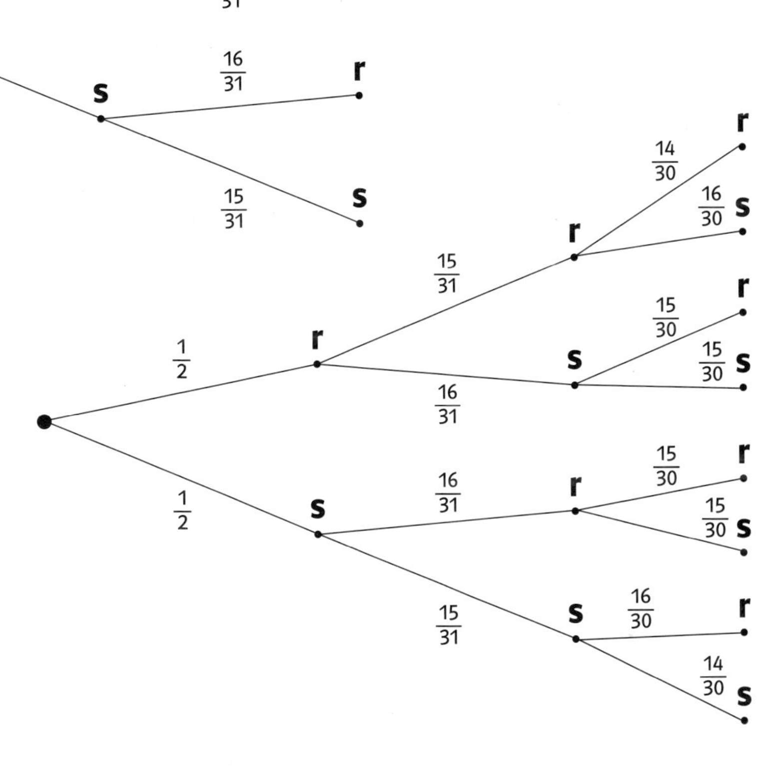

Aufgabe 3: Aussagen 1 und 3 sind richtig.

5.2 Schulfeier (2) Seite 60

Aufgabe 1:

a) siehe rechts

b) $\frac{1}{2} \cdot \frac{1}{2} \cdot \frac{1}{2} = \frac{1}{8} = 12{,}5\,\%$

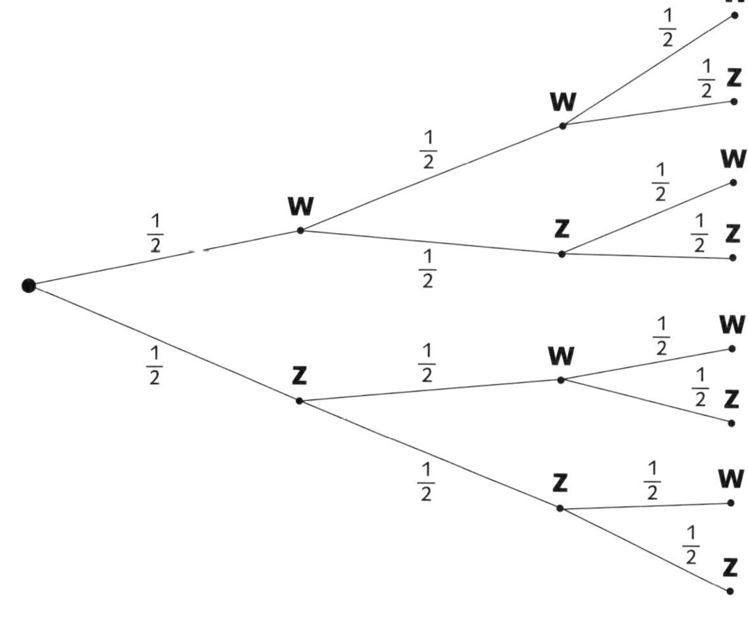

Aufgabe 2:

a) siehe rechts

b) siehe rechts

c) $\frac{12}{32} \cdot \frac{11}{31} = \frac{132}{992} \approx 13{,}31\,\%$

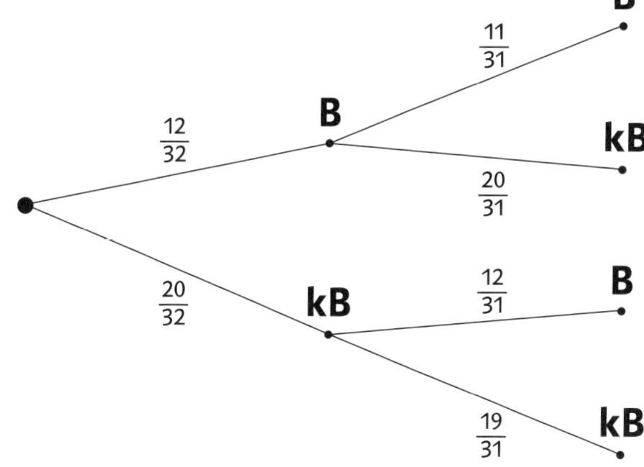

Aufgabe 3: $\frac{4}{32} \cdot \frac{3}{31} = \frac{12}{992} = \frac{3}{248} \approx 1{,}21\,\%$

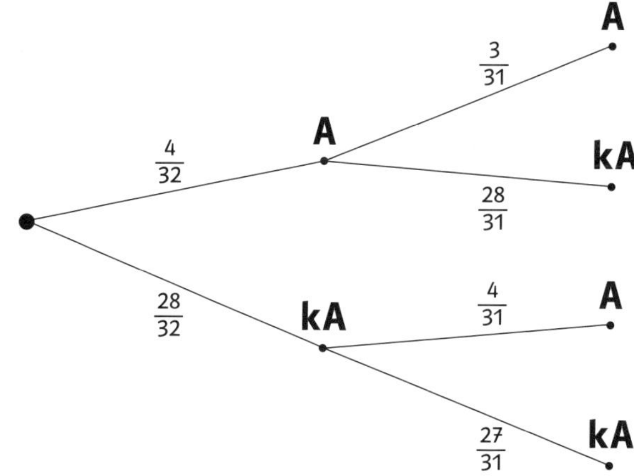

Lösungen

5.3 Schulfeier (3) — Seite 61

Aufgabe 1:

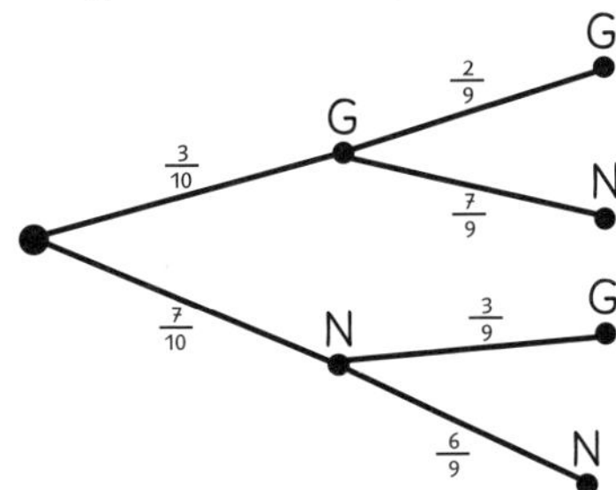

Aufgabe 2:

a) $\frac{3}{10} \cdot \frac{2}{9} = \frac{6}{90} = \frac{1}{15}$

b) $\frac{3}{10} \cdot \frac{7}{9} = \frac{21}{90} = \frac{7}{30}$

c) $\frac{7}{10} \cdot \frac{3}{9} = \frac{21}{90} = \frac{7}{30}$

d) $\frac{7}{10} \cdot \frac{6}{9} = \frac{42}{90} = \frac{7}{15}$

Aufgabe 3:

a) $\frac{16}{32} = \frac{1}{2}$

b) $\frac{8}{32} = \frac{1}{4}$

c) $\frac{4}{32} = \frac{1}{8}$

d) $\frac{2}{32} = \frac{1}{16}$

e) 0

Aufgabe 4:

a)

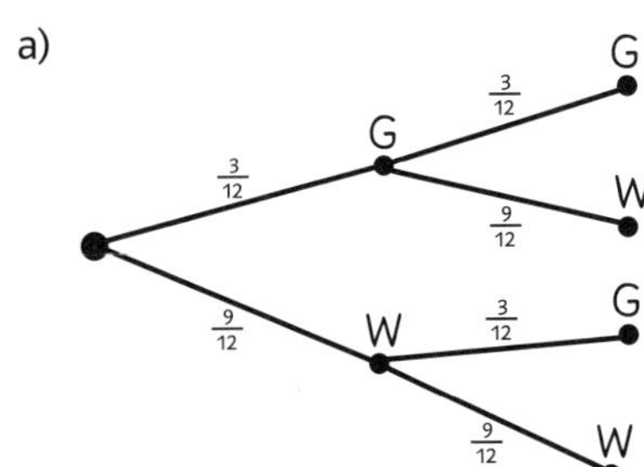

b) $1 - \frac{9}{12} \cdot \frac{9}{12} = \frac{144}{144} - \frac{81}{144} = \frac{63}{144} = \frac{7}{16}$

c) $\frac{3}{12} \cdot \frac{9}{11} + \frac{9}{12} \cdot \frac{3}{11} + \frac{3}{12} \cdot \frac{2}{11} = \frac{27}{132} + \frac{27}{132} + \frac{6}{132} = \frac{60}{132} = \frac{5}{11}$

5.4 Aus der Medizin — Seite 62

Aufgabe 1:

a)

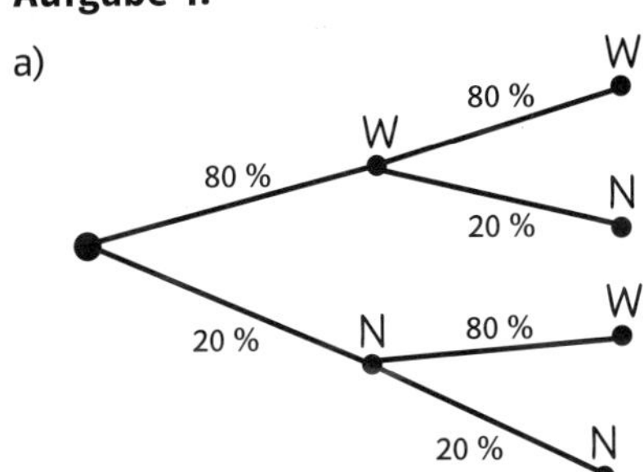

b) $\frac{80}{100} \cdot \frac{80}{100} = \frac{64}{100}$

c) $\frac{20}{100} \cdot \frac{20}{100} = \frac{4}{100}$

d) $1 - \frac{4}{100} = \frac{96}{100}$

Aufgabe 2:

a) $\frac{1000}{1000000} = \frac{1}{1000}$

b) $\frac{1000}{1000000}$

c) $\frac{999}{29997} = \frac{1}{3}$

5.5 Wahrscheinlichkeiten im Alltag — Seite 63

Aufgabe 1:

a) 1 % · 99 % = 0,99 %

b) 99 % · 5 % = 4,95 %

c) 1 % · 1 % = 0,01 %

Aufgabe 2:

a)

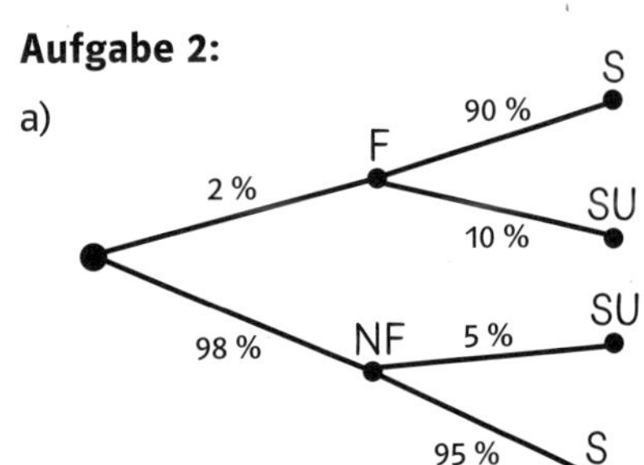

b) 2 % · 90 % + 98 % · 5 % = 6,7 %

c) 2 % · 10 % + 98 % · 5 % = 5,1 %

d) 12 000 · 98 % · 5 % = 588 (USB-Sticks)

Aufgabe 3:

a)

	D	$\overline{D}$	gesamt
K	**0,08**	**0,12**	0,20
$\overline{K}$	0,56	**0,24**	**0,80**
gesamt	**0,64**	0,36	**1,00**

b) 250 · 0,08 = 20 (Personen)

c) 250 · 0,12 +250 · 0,56 = 170 (Personen)

5.6 Verkehrsampeln

Seite 64

Aufgabe 1:

a) $\frac{80}{200} = \frac{2}{5} = 40\ \%$

b) Zeit für grün geteilt durch Gesamtdauer (Rotphase + Grünphase)

c)

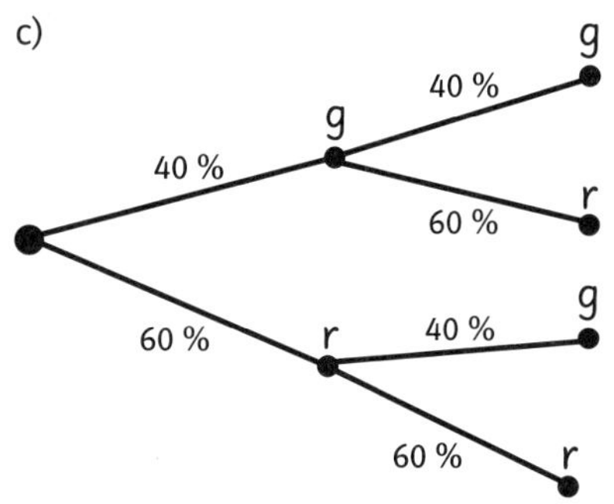

d) 40 % · 40 % = 16 % für zweimal grün,
60 % · 60 % = 36 % für zweimal rot

Aufgabe 2:

a) Die Zahlen sind die absoluten Anzahlen der Grün- und Rotphasen.

b)

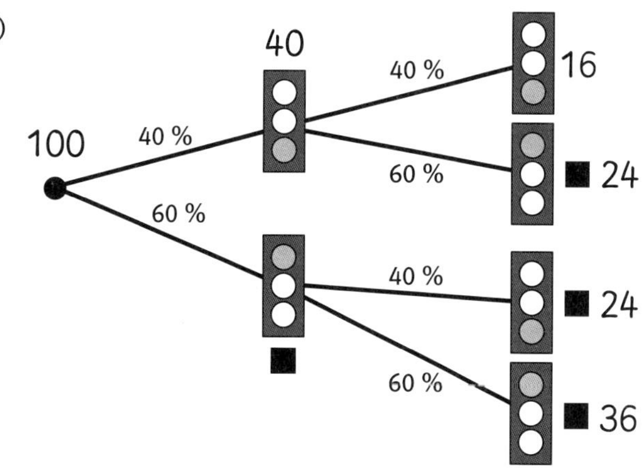

c) Ja, da z. B. nur in 16 % aller Fälle beide Ampeln grün waren.

Aufgabe 3:

a) Die Aussage ist falsch, da mit einer Wahrscheinlichkeit von 25 % beide Ampeln auch rot sein können.

b) 50 % · 50 % + 50 % · 50 % + 50 % · 50 %=75 % oder 1 – 50 % · 50 · = 75 %